W0271441

ro
ro
ro

Christoph Drösser, geboren 1958, studierte in Bonn Mathematik und Philosophie. Er arbeitet als Chefredakteur des Magazins *ZeitWissen*. Bei der *Zeit* rief er 1997 die Kolumne «Stimmt's?» ins Leben und löste damit eine bis heute ungebrochene Fragenflut aus. Im Rowohlt Taschenbuch Verlag erschienen bereits drei Bände «Stimmt's?» mit modernen Legenden im Test (rororo 60728, 60933 und 61489) sowie für clevere Kids ein «Stimmt's?»-Band und «Wie groß ist unendlich?» (rororo 21163 und 21311).

Marcus Weimer, geboren 1963, studierte an der Fachhochschule für Gestaltung in Hamburg. Als **Rattelschneck** arbeitet er gemeinsam mit **Olav Westphalen** für *Titanic*, *Die Zeit*, *tip Berlin*, *nv: The Nordic Art Review* und fürs Fernsehen. Er illustrierte bereits die ersten drei «Stimmt's?»-Bände.

Christoph Drösser

Stimmt's?

Moderne Legenden im Test – Folge 4

mit Illustrationen von Rattelschneck

Rowohlt Taschenbuch Verlag

rororo science
Lektorat Ludwig Moos

Originalausgabe
Veröffentlicht im Rowohlt Taschenbuch Verlag,
Reinbek bei Hamburg, November 2005
Copyright © 2005 by Rowohlt Verlag GmbH,
Reinbek bei Hamburg
Umschlaggestaltung any.way, Barbara Hanke
(Illustration: Rattelschneck)
Satz Minion PostScript, QuarkXPress 4.1
bei KCS GmbH/Hamburg
Druck und Bindung Clausen & Bosse, Leck
Printed in Germany
ISBN 13: 978 3 499 62064 5
ISBN 10: 3 499 62064 2

Inhalt

Vorwort

Wussten Sie schon, dass das Quaken einer Ente kein Echo erzeugt und keiner weiß, warum? Dass Kühe nicht schwimmen können, weil ihr Schließmuskel zu schwach ist und sie deshalb voll Wasser laufen? Dass Truthähne so blöd sind, dass sie bei Regen stur mit offenem Schnabel nach oben schauen, bis sie ertrinken? Und keiner weiß, warum?

Seit ich vor ein paar Jahren mein erstes «Stimmt's»-Buch veröffentlicht habe, sind im Internet Seiten mit Titeln wie *Useless Facts* oder *Wussten Sie schon?* zu Hunderten aus dem Boden geschossen. Die immer gleichen erstaunlichen angeblichen Tatsachen, hundert- und tausendfach kopiert, von einer Homepage auf die nächste. Aber auch im Fernsehen gibt es immer mehr Sendungen, die sich mit solchen «Facts» beschäftigen. Ich merke das, wenn plötzlich mehrere Leser nach dem Schließmuskel der Kühe fragen (siehe Seite 42).

Das Internet ist also eine große Lügenverbreitungsmaschine. Und es ist gleichzeitig eine große Wahrheitsfindungsmaschine. Wenn ich nach Antworten auf «Stimmt's?»-Fragen suche, ist das Netz stets der erste Anlaufpunkt. Das Fatale dabei: Fragt man das Internet nach einer Legende, schallt sie einem als Echo (wenn auch nicht als Entenecho) tausendfach zurück. Die Frage ist dann immer: Bin ich jetzt in der Lügenverbreitungsabteilung oder in der Wahrheitsfindungsetage gelandet? Und das Erstaunliche ist: Man weiß es eigentlich immer sofort. Die Unsinn verbreitenden Seiten erkennt man nicht nur an den vielen Smileys. Man erkennt sie am Layout, an der Sprache, an der Adresse. Natürlich ist diese erste Einschätzung nicht unfehlbar. Aber für eine grobes Vertrauenswürdigkeits-Ranking reicht sie aus.

Früher haben die Leute alles geglaubt, was schwarz auf weiß

gedruckt war. Das war damals schon falsch, aber der limitierte Zugang zu den Druckerpressen sorgte dafür, dass die Unwahrheiten zumindest meist mit Absicht verbreitet wurden. Heute blubbert jeder alles ungeprüft nach, und die ganze Welt kann es dann online lesen. Deshalb müssen wir heute noch mehr als früher lernen, die Spreu vom Weizen zu trennen. Also Informationen nicht nur zu finden (Googeln lernen Sechsjährige schnell), sondern auch, sie zu bewerten. Meine Erfahrungen mit Entenechos und Kuhschließmuskeln sagen mir: Das geht. Man entlarvt die absichtsvollen und absichtslosen Lügner, die Demagogen und Nachplapperer mit etwas Übung sehr schnell.

Und irgendwie setzt sich die Wahrheit ja doch durch: Wenn man die Stichworte «Ente» und «Echo» bei Google eingibt, erhält man als ersten Treffer (zum Zeitpunkt der Niederschrift dieses Buches) meine einschlägige «Stimmt's»-Folge aus der *Zeit*, in der ich von dem englischen Forscher Trevor Cox erzähle, der tatsächlich das Entenquaken auf seine Echofähigkeit untersucht hat (siehe Seite 90). Durch Leute wie Cox schreitet die Menschheit voran, und ich trage gerne zur Verbreitung der Nachricht bei.

Hamburg, im Sommer 2005
Christoph Drösser

Gefoulte Spieler, die einen Elfmeter selber ausführen, schießen öfter daneben als unbeteiligte

Stimmt. Diese alte Fußballerregel hatte wohl auch der Stuttgarter Stürmer Kevin Kuranyi im Kopf, als er am 8. März 2003 seinem Kollegen Aliaksandr Hleb den Ball wegnahm. Hleb war gerade gefoult worden und wollte den Strafstoß selbst verwandeln. Kuranyi schoss – geradewegs in die Arme des Hamburger Torhüters Martin Pieckenhagen. Das Spiel endete 1:1, und Kuranyi musste sich vorwerfen lassen, den Sieg verspielt zu haben.

Hatte er denn wenigstens die Statistik auf seiner Seite? Immerhin galt auch unter der Bundestrainerschaft von Berti Vogts immer die eiserne Regel, dass der Gefoulte den Elfmeter nicht selbst schießen durfte. Tatsächlich bestätigen die Zahlen der Firma IMP, die für die großen Fernsehsender die Bundesliga-Datenbank betreibt, die Regel – auch wenn der Unterschied nicht groß ist: Zwischen 1993 und 2003 hat in der ersten deutschen Liga 80-mal der Gefoulte selbst geschossen, 57 dieser Elfer wurden verwandelt. Das sind 71,3 Prozent. Von den übrigen Strafstößen wurden in diesem Zeitraum 75,3 Prozent verwandelt, 4 Prozentpunkte mehr. Der Rat, den erregten oder gar angeschlagenen Leidtragenden nicht schießen zu lassen, hat also etwas für sich.

Allerdings muss man bei dieser Rechnung bedenken, dass die 71,3 Prozent auf einer kleinen Stichprobe beruhen. Drei erfolgreiche gefoulte Schützen mehr, und die Trefferrate betrüge bereits 75 Prozent. Kann also gut sein, dass sich das «Stimmt» in der Zukunft in ein «Stimmt nicht» verwandelt. Und das Beispiel von Kuranyi zeigt, dass Wahrscheinlichkeit überhaupt nichts mit Sicherheit zu tun hat.

Astronauten platzen, wenn sie ins Vakuum des Weltalls geschleudert werden

Stimmt nicht. Auch wenn der Aufenthalt im Vakuum alles andere als angenehm ist – zerplatzen würde man nicht. Da ist die Darstellung in Stanley Kubricks Film *2001: Odyssee im Weltraum* schon realistischer (der Meister hat sich überhaupt genauer an die Gesetze der Physik gehalten als die meisten Science-Fiction-Filmer). Dort überlebt ein Astronaut einen unfreiwilligen Weltraumspaziergang.

Nach der übereinstimmenden Darstellung von Weltraumexperten würde sich die Sache etwa so abspielen: Wenn der plötzliche Druckabfall, der mit dem zu schnellen Aufstieg eines Tauchers vergleichbar ist, keinen Schaden anrichtet, wird der Astronaut nach etwa zehn Sekunden aufgrund des Sauerstoffmangels das Bewusstsein verlieren (ein Tipp, falls sie je in die Situation kommen: nicht die Luft anhalten, damit der Überdruck aus der Lunge entweichen kann!). Solange das Herz schlägt, wird der Blutdruck einigermaßen aufrechterhalten. Das verhindert auch, dass das Blut zu kochen beginnt, was manchmal fälschlich behauptet wird. Allenfalls auf der Zunge könnte es durch kochenden Speichel etwas kribbeln.

Wenn der Mensch innerhalb einer Minute wieder in eine lebensfreundlichere Umgebung zurückgebracht wird, so besteht eine gute Chance, dass er den Unfall ohne bleibende Schäden überlebt – es hat schon entsprechende Notfälle beim Test von Raumanzügen gegeben. Dauert der Aufenthalt im Vakuum zu lange, so stirbt der Astronaut an Ersticken oder Herzstillstand. Dieses Schicksal erlitt die Besatzung der sowjetischen Raumkapsel Sojus 11, als in ihrem Raumschiff aufgrund eines defekten Ventils ein totaler Druckverlust eintrat.

Ein toter menschlicher Körper, der längere Zeit durchs Weltall triebe, würde auf die Dauer zu einer gefriergetrockneten Mumie. Und die Haut wäre durch die starke UV-Strahlung ziemlich verbrannt.

Der Freistaat Bayern hat dem Grundgesetz niemals zugestimmt

Stimmt. Es war eine lange und tumultartige Sitzung, die der Bayerische Landtag am 19. und 20. Mai 1949 absolvierte. 15 Stunden lang wurde heiß debattiert, und dann folgte die Abstimmung: 63 Abgeordnete stimmten für das Grundgesetz, 101 dagegen. Damit lehnte die CSU-Mehrheit des Landesparlaments die Verfassung der Bundesrepublik ab. Begründet wurde die Ablehnung damit, dass der Bund zu viel Macht gegenüber den Ländern besäße. Bayern hätte zum Beispiel gern Bundestag und Bundesrat als gleichberechtigte gesetzgebende Organe gesehen. Und man bemängelte eine ungenügende christliche Fundierung des neuen Staates. Der CSU-Abgeordnete Meixner sagte in der Debatte, die Verfassung sei «letztlich ein Werk des säkularisierten Geistes unseres Jahrhunderts». Das Protokoll verzeichnet an dieser Stelle «tumulthafte Zurufe» vonseiten der SPD-Fraktion, die laut ihrem Vorsitzenden Waldemar von Knoeringen «ja zu Bonn» sagte.

Allerdings war allen Abgeordneten klar, dass sie hier eigentlich eine Scheindebatte führten und ihr Votum wenig Folgen haben würde. Die notwendige Mehrheit von zwei Dritteln der Länder hatte dem Grundgesetz nämlich schon zugestimmt. Um deutlich zu machen, dass sich der Freistaat nicht etwa von der Bundesrepublik abspalten wollte, gab es eine zweite Abstimmung, in der der Landtag bekräftigte, dass die Verfassung auch für Bayern rechtsverbindlich sei. «Wenn die deutsche Bundesrepublik aufgrund der vorgeschriebenen Genehmigungen und Abstimmungen zustande kommt», sagte der Ministerpräsident Hans Ehard, «dann ist Bayern ein Teil dieses Bundesstaates, ob wir zum Grundgesetz ja oder nein sagen.»

Letztlich war die Abstimmung also das erste Beispiel für

einen eher demonstrativen Eigensinn des Freistaats. Inzwischen lebt auch Bayern ganz gut mit dem Grundgesetz. Zugestimmt hat das Land allerdings tatsächlich nie – auch eine Petition an den Landtag, anlässlich des 50-jährigen Verfassungsjubiläums diese Zustimmung nachzuholen, verhallte 1999 ungehört.

Leere Kühltruhen verbrauchen mehr Strom als volle

Stimmt. Halten wir erst mal fest: Wir reden nicht vom Einfrieren – das verbraucht mit Abstand die meiste Energie. Wir stellen uns zwei Kühltruhen vor, die eine bis zum Rand mit Gefrorenem gefüllt, die andere leer. Es muss also nur die «einsickernde» Wärme wieder herausgeschafft werden. Welche Truhe verbraucht mehr?

Fall 1: Der Deckel bleibt stets geschlossen. Dann ist der Verbrauch im Wesentlichen der gleiche. Lothar Litz, Leiter der Transferstelle für Kältetechnik an der Universität Kaiserslautern, erklärt uns, dass für den Energieverbrauch nur drei Größen maßgeblich sind: die Temperaturdifferenz zwischen innen und außen, die Oberfläche der Truhe und die Qualität der Isolation. «Unerheblich ist dabei, was sich in der Truhe befindet.»

Fall 2: Wir machen öfter mal den Deckel auf und werfen einen neugierigen Blick hinein. Dann kommt in die leere Kühltruhe viel mehr warme Umgebungsluft als in die volle, und die muss erst einmal heruntergekühlt werden. Zwar kostet das für 100 Liter Luft nur so viel Energie wie für acht Kubikzentimeter Wasser, aber es macht etwas aus. Und weil warme Luft mehr Wasser fasst als kalte, schlägt sich in der leeren Truhe eher ein «Eispelz» nieder als in der vollen. Der beeinträchtigt den Wirkungsgrad des Kühlaggregats, die Truhe verbraucht mehr Strom. Zwei zugegeben kleine Quellen für einen erhöhten Verbrauch der leeren Kühltruhe gegenüber der vollen.

Was bei der Kühltruhe im Haushalt vielleicht nur eine Spitzfindigkeit ist, kommt bei den großen, teilweise offenen Supermarktgeräten tatsächlich zum Tragen. Dort schlägt sich der ständige Luftaustausch in einem messbar größeren Verbrauch der leeren Truhen nieder.

Die Hälfte der Menschheit hat noch nie telefoniert

Stimmt nicht. UN-Generalsekretär Kofi Annan hat es gesagt, Südafrikas Präsident Thabo Mbeki geht ebenso mit der Zahl hausieren wie die ehemalige Hewlett-Packard-Chefin Carly Fiorina und Bill Gates' Frau Melinda. Sie alle wollen damit ausdrücken: Vergessen wir bei aller Internet- und Telekommunikations-Euphorie nicht die andere Hälfte der Menschheit!

Richtig wird die Angabe dadurch nicht – die Leute, die es wissen müssten, die Statistiker der Internationalen Telekommunikationsunion (ITU), sagen jedenfalls: «Wir haben keine Daten, die das untermauern.» Ende 2002 gab es auf der Welt etwa 1,1 Milliarden Festnetz-Anschlüsse und 1,4 Milliarden Handys – kaum vorstellbar, dass nicht mindestens jeder zweite der sechs Milliarden Menschen schon einmal den Hörer in der Hand gehabt hat.

Aber selbst wenn der zweifelhafte Satz richtig gewesen wäre, als er zum ersten Mal geäußert wurde, dann stimme er heute gewiss nicht mehr, argumentiert der amerikanische Telekom-Experte Clay Shirky. Er findet den Ursprung in einer Rede des MCI-Managers Greg LeVert im Jahr 1994. Seitdem ist einiges passiert: Von Ende 1994 bis Ende 2000 ist die Zahl der Festnetz-Anschlüsse weltweit um 50 Prozent gewachsen, die Zahl der Mobiltelefone hat sich verzehnfacht. Und die Wachstumsraten sind tatsächlich da am größten, wo sie am nötigsten sind: im Sudan, in Albanien, Sri Lanka, Vietnam und Ghana.

Wenn wir also annehmen, dass 1994 wirklich nur die Hälfte der Menschheit schon einmal telefoniert hatte, dann, sagte Shirky 2002, «wäre der neue Wert etwa zwei Drittel – und er steigt weiter».

Sonnenblumen drehen sich zur Sonne hin

Stimmt. Die Frage wurde mir zuerst von Christoph Biemann gestellt, dem Christoph aus der *Sendung mit der Maus*. Auch nach meiner Antwort ließ ihn die Sache nicht ruhig, und er produzierte mit einer Zeitraffer-Kamera einen wunderschönen Film für die Kindersendung, in dem man deutlich sieht, wie die Blumen ihre Köpfe nach der Sonne ausrichten, ihr im Verlauf des Tages folgen und sich sogar nachts von Westen nach Osten zurückdrehen, um die Sonne am nächsten Morgen wieder an der richtigen Stelle begrüßen zu können.

Fragen wir zunächst einmal: Wie kann eine Sonnenblume überhaupt den Kopf drehen? Schließlich haben Pflanzen keine Muskeln. Der Blütenkorb kann seine Orientierung nur verändern, indem der Stängel, der ihn hält, auf der sonnenabgewandten Seite stärker wächst. Daraus folgt sogleich, dass das Ganze nur funktioniert, wenn die Pflanze wächst. Dann verfolgen die geschlossenen Blütenkörbe tatsächlich tagsüber den Lauf der Sonne und machen ihrem französischen Namen *tournesol* (italienisch: *girasole*) alle Ehre. Eine beeindruckende Fähigkeit der «dummen» Pflanzen, die da durch die Evolution entstanden ist.

Durch die kuriose Drehung gelingt es den Pflanzen, in der Wachstumsphase 10 bis 15 Prozent mehr Sonnenenergie zu erhaschen, erzählt Volker Hahn, Sonnenblumenzüchter an der Universität Hohenheim. Ist die Pflanze ausgewachsen und die Blüte geöffnet, schauen die Sonnenblumen übrigens stur nach Osten.

IN DER LINKEN RINGECKE EINE SONNENBLUME! SIE DREHT IHREN KOPF MIT DER SONNE, UND NACHTS SCHNELLT ER IN DIE AUSGANGSPOSITION ZURÜCK. IST DIE NACHT BESONDERS KURZ, KANN EINEN DER KOPF WIE EIN SCHLAG TREFFEN.

Viagra verlängert auch die Pracht von Schnittblumen

Stimmt. «Pflanzen unterscheiden sich gar nicht so sehr von Menschen», sagt der Pflanzenphysiologe Yaacov Leshem von der israelischen Bar-Ilan-Universität. Zusammen mit seinem australischen Kollegen Ron Wills berichtete er 1998 in einem Artikel in der Zeitschrift *Plant Physiology and Biochemistry*, dass ein halbes Milligramm des Viagra-Wirkstoffs Sildenafil pro Vase genügt, um Schnittblumen eine Woche länger frisch zu halten. Ein Forschungsergebnis, das natürlich gern von der Presse aufgegriffen wurde.

Ein halbes Milligramm – das ist nur ein Hundertstel der Menge, die in einer Viagra-Pille enthalten ist. Und nicht nur bei Blumen erhält Viagra die Spannkraft, auch Erdbeeren und Brokkoli blieben durch Sildenafil länger knackig.

Die Erklärung für die verblüffende Parallele: Sildenafil greift in eine chemische Signalkette ein, die im Pflanzenkörper ähnlich wirkt wie beim Menschen. Der Botenstoff cGMP, der beim Mann die Gefäße erweitert, sorgt bei Pflanzen offenbar dafür, dass sich bei Stress die Poren in den Blättern schließen und so ein Austrocknen verhindern, wie ein britisches Forscherteam um Steven Neill von der University of the West of England in Bristol herausfand. Normalerweise wird der Abbau dieses Botenstoffs von Stickstoffmonoxid gesteuert. Viagra greift in diesen Prozess ein und verlangsamt den Abbau von cGMP.

Wird es bald «Pflanzen-Viagra» zu kaufen geben? Leshem kündigte nach dem Erscheinen seines Artikels «dramatisch verbesserte Prozesse» beim Frischhalten von Agrarprodukten an. Das ist nun einige Jahre her – seitdem hat man nicht mehr viel davon gehört.

Schimmel auf Brot ist krebserregend, der Schimmel auf Käse nicht

Stimmt nicht. Unschädlich ist bei Käse nur der «Edelschimmel», den man auf Camembert, Roquefort oder Gorgonzola findet. Den kann man tatsächlich ohne Bedenken essen, auch wenn er die Schnittfläche des Käses überwuchert. Bei jeder Art von «wildem» Schimmel aber ist der Verzehr bedenklich. Schimmelpilze wie der grünlich flauschige Aspargillus flavus können Gifte absondern (in diesem Fall das Aflatoxin), die zu den schlimmsten krebserregenden Substanzen gehören.

Generell gilt: Je mehr Wasser das Lebensmittel enthält, umso schneller verbreitet sich der Schimmel darin, auch wenn man ihn mit dem Auge noch gar nicht erkennen kann. Er bildet ein unsichtbares Geflecht, das sehr tief reichen kann. Tomaten und Obst soll man deshalb schon bei kleinen Schimmelspuren wegwerfen. Auch für befallenen Saft gilt: nicht nur die «Schimmelinseln» abfischen – ab in den Ausguss damit. Brot ist grenzwertig: Schnittbrot sollte auf jeden Fall in den Müll, bei ganzen Brotlaiben kann man eventuell einen kleinen Schimmelfleck großzügig herausschneiden, ebenso wie bei Hartkäse.

Ein Schimmelstopper ist Zucker. Deshalb geben die Ernährungswissenschaftler übereinstimmend den Rat, dass man Marmelade, die einen Zuckeranteil von mindestens 50 Prozent hat, nach (wiederum großzügiger) Entfernung des Schimmels weiter verzehren kann – Diätmarmelade dagegen nicht.

Japanische Schüler begehen besonders häufig Selbstmord

Stimmt nicht. Nicht erst seit Pisa wird dieses Vorurteil gepflegt: Die japanische Gesellschaft treibe aufgrund ihres starren und rigiden sozialen Systems viele Menschen in den Freitod. Insgesamt ist tatsächlich die japanische Suizidrate höher als die westlicher Länder, was wohl auch damit zu tun hat, dass in der konfuzianischen Lehre die Selbsttötung weniger tabuisiert ist als in der christlichen. Aber just bei Kindern und Jugendlichen sind die Selbstmordzahlen nicht höher als bei uns.

Das ist das Ergebnis einer Studie, in der die Japanologin Susanne Kreitz-Sandberg der Schüler-Selbstmord-Legende auf den Grund ging. Sie trug Zahlen zusammen, die bis ins frühe 20. Jahrhundert zurückreichen. Tatsächlich war noch in der japanischen Nachkriegsgeneration die Suizidrate relativ hoch, seit den sechziger Jahren gibt es aber einen stetigen Rückgang. Mitte der neunziger Jahre waren die Zahlen in Japan und Deutschland fast gleich – 1994 nahmen sich in Japan 5,1 von 100 000 Jugendlichen zwischen 15 und 19 Jahren das Leben, in Deutschland waren es 6,4. In beiden Ländern ist das übrigens sehr wenig gegenüber der Quote bei älteren Menschen. Kulturübergreifend gilt: Männer bringen sich doppelt so oft um wie Frauen, Alte doppelt so oft wie Junge.

Die Forscherin konnte auch keine Häufung der Suizide zu Prüfungszeiten feststellen. Es gibt also keine Indizien dafür, dass das japanische Schulsystem die Jugendlichen in den Selbstmord treibt. Woher kommt dann das Gerücht? Es bedient gängige Klischees über Japan, sagt Kreitz-Sandberg. Und in der japanischen Öffentlichkeit werde jeder Einzelfall sehr aufgeregt diskutiert, während in Europa die Familie gern den Mantel des Schweigens über eine solche Tragödie lege.

Im Mittelalter glaubten die Menschen, die Erde sei eine Scheibe

Stimmt nicht. Dass die Erde (annähernd) eine Kugel ist, war schon den alten Griechen bekannt – Eratosthenes hat ja sogar den Erdumfang erstaunlich genau berechnet, indem er den Schatten der Sonne an unerschiedlichen Orten verglich. Auch die Beobachtung, dass ein wegfahrendes Schiff langsam am Horizont «versinkt» und man zuletzt nur noch seinen Mast sieht, ist seit Jahrtausenden bekannt – ein Beweis dafür, dass die Erdoberfläche gekrümmt ist. Und Aristoteles bemerkte, dass bei einer Mondfinsternis der Erdschatten einen gekrümmten Rand hat.

Das Mittelalter mag dann eine dunkle Phase des Rückschritts gewesen sein. Trotzdem geriet nicht sämtliches Wissen in Vergessenheit – die Lehren des Aristoteles etwa wurden auch im Mittelalter hochgehalten. Und die Gegner von Christoph Kolumbus, die ihm von seiner gewagten Fahrt gen Westen abrieten, glaubten nicht etwa, dass er von der Scheibe hinunterplumpsen würde. Im Gegenteil – sie schätzten den Erdumfang realistischer ein als der Entdecker. Eine Fahrt bis nach Indien wäre mit den damaligen Mitteln unmöglich gewesen (siehe Seite 146).

Der Bonner Skandinavist Rudolf Simek hat nun für seine Habilitationsschrift über altnordische Kosmographie noch einmal nach Belegen dafür gesucht, dass die Menschen wieder zur Vorstellung der Scheibenwelt zurückkehrten – vergeblich, wie die Zeitschrift *Geo* berichtet. Zwar sind alle Weltkarten der damaligen Zeit flach – aber das sind unsere heutigen Karten ja auch. Nur wurde damals der gesamte Erdkreis auf einer Fläche dargestellt, während wir jeweils eine Halbkugel auf einen Kreis projizieren.

Den Ursprung der Legende sieht Simek in der Zeit der Aufklärung. Im 17. Jahrhundert machte man sich gern über die düstere Vergangenheit lustig und zerrte dafür obskure Schriften einiger wissenschaftlicher Außenseiter hervor. Aber skurrile Vorstellungen gab es zu allen Zeiten – wie man leicht sieht, wenn man das Internet nach dem Begriff «Flat Earth Society» durchsucht. Es gibt nicht nur Leute, die an eine flache Erde glauben, andere meinen sogar, wir lebten auf der Innenseite einer Hohlkugel.

Die Erde stellte man sich also auch im Mittelalter kugelförmig vor – allerdings als Zentrum des Universums. Man spekulierte sogar darüber, ob es auf der gegenüberliegenden Seite Menschen gebe, die so genannten Antipoden. Dass die von der Erde herunterplumpsen würden, glaubte allerdings auch damals niemand.

Bei der Zubereitung von Gemüse in der Mikrowelle gehen die Vitamine verloren

Stimmt nicht. Man kann den Mikrowellengeräten ja einiges vorwerfen, etwa dass ihre bloße Existenz die Esskultur verdirbt oder dass das mit ihrer Hilfe zubereitete Essen schlechter schmeckt als das herkömmlich gekochte oder gebratene. Das kann man nämlich tatsächlich begründen – in der Mikrowelle laufen andere chemische Prozesse ab, zum Beispiel fehlt die geschmacksstiftende Maillard-Reaktion, die Gebratenes so lecker macht. Aber gerade in der Frage der Vitamine kann man der Mikrowelle keine Vorwürfe machen.

Beim herkömmlichen Kochen, etwa von Gemüse, sind die Vitamine sehr gefährdet. Sie gehen vor allem verloren, wenn das Essen zu stark und zu lange erhitzt wird oder wenn sie durch das Kochwasser regelrecht «ausgewaschen» werden – beides ist bei der Mikrowelle nicht gegeben. Die Strahlung im Gerät bringt die Moleküle (vor allem das Wasser) im Innern der Nahrungsmittel zum Schwingen und führt so zu einer schnellen und gleichmäßigen Erwärmung. Diese vitaminerhaltende Eigenschaft ist in mehreren wissenschaftlichen Untersuchungen nachgewiesen worden, besonders für die Vitamine B und C. Allerdings «schont» diese Art der Zubereitung auch manche schädlichen Stoffe, etwa das gefährliche Nitrat. Gemüse, die solche Stoffe enthalten, zum Beispiel Spinat, Fenchel oder Sellerie, sollten daher nicht in der Mikrowelle gegart, sondern vorher blanchiert werden, weil so der Nitratgehalt verringert wird.

Beim Grillen mit Aluminiumfolie ist es wichtig, ob die matte oder die glänzende Seite der Folie nach oben weist

Stimmt nicht. Auch ich habe solche Haushaltstipps zuhauf gefunden, nach denen angeblich die eine Seite besser Wärme durchlässt oder reflektiert als die andere oder auch leichter am Bratgut kleben bleibt. Das ist alles Unsinn, versichert Martin Linnemann vom Marktführer Melitta.

Aber warum hat dann die Aluminiumfolie, die übrigens im Jahr 1963 ihren Siegeszug in den deutschen Küchen antrat, zwei unterschiedliche Seiten? Das liegt einzig und allein an der Art, wie sie hergestellt wird: Das Aluminium wird immer dünner ausgewalzt. Beim letzten Vorgang werden aus Gründen der Effizienz zwei Schichten übereinander gelegt, und nur die jeweils außen liegende Seite wird durch die Walzen blank poliert, die innere bleibt matt. Der Unterschied ist aber ein rein optischer, Spitzfindigkeiten über ein unterschiedliches Reflexionsverhalten der beiden Seiten für Strahlung bestimmter Wellenlängen sind ohne Belang.

Das alles gilt natürlich nur für die klassische Alufolie. Bei neumodischen Entwicklungen wie kombinierten Alu-Kunststoff-Folien oder Folien mit einer speziellen Antihaftbeschichtung muss man durchaus darauf achten, dass die richtige Seite zum Braten zeigt.

MODERNE ALUFOLIE MIT 3-D-BRILLE!?
DAMIT SIEHT MAN, WENN DIE RICHTIGE FOLIENSEITE ZUM BRATEN ZEIGT.

Jeder männliche Schweizer Eidgenosse, der den Wehrdienst abgeleistet hat, hat zur Verteidigung des Landes eine Schusswaffe im Schrank

Stimmt. Weil die Mobilisierung der Reservisten im Verteidigungsfall in dem unwegsamen Gebirgsland offenbar ein großes logistisches Problem darstellt, darf auch heute noch jeder Schweizer sein Sturmgewehr mit nach Hause nehmen, nachdem er seinen Wehrdienst abgeleistet hat. Bis zu seinem 40. Geburtstag muss er dann noch einmal jährlich beim Schützenverein seine «Schießpflicht» erfüllen und seine Treffsicherheit unter Beweis stellen, «Obligatorisches Programm» nennt sich das. Aber auch noch danach darf er die Waffe samt Munition zu Hause aufbewahren – allenfalls wird das moderne Gewehr gegen ein älteres Modell ausgetauscht.

Die Statistik lässt darauf schließen, dass nicht alle dieser Sturmgewehre im häuslichen Schrank Staub ansetzen: Bezogen auf die Bevölkerungszahl, sterben in der Schweiz mehr als viermal so viele Menschen durch Schusswaffen wie in Deutschland. Und das sind nicht nur Selbstmörder: Statistisch werden 0,9 von 100 000 Schweizern jährlich durch den Schuss eines Landsmanns getötet, in Deutschland beträgt die Zahl nur 0,2. Wo Schusswaffen weit verbreitet sind, werden sie also offenbar auch benutzt.

MEIN STURM-GEWEHR IST STÄNDIG IN BENUTZUNG UND SETZT DESHALB KEINEN STAUB AN. POTENZIELLE STAUB-FÄNGER HABEN AUCH KEINE CHANCE, WEIL ICH SIE AM GEWEHR FESTBINDE.
STAUB-TUCH-VERTRETER
HEUTE DIE KANNE VOM TEE-SERVICE.

Mohn macht dumm

Stimmt nicht. Aber anders als beim Senf («Stimmt's?» Band 3) könnte in diesem Spruch sogar ein Körnchen Wahrheit stecken, wenn wir den Begriff «dumm» großzügig auslegen. Manchmal heißt es ja auch «Mohn macht doof», und «doof» kommt von «taub». Und tatsächlich ist ja ein Betäubungsmittel im Mohn enthalten: Aus ihm wird Morphium gewonnen. Auch wenn der Speisemohn eine andere Pflanze ist als der Schlafmohn, so enthalten die schwarzen Samen, die wir im Kuchen oder auf Brötchen schätzen, Spuren von Opiaten. Immerhin so viel, dass man das im Urin nachweisen kann – eine Tatsache, die dem Mohngenießer in Ländern mit strengen Rauschgiftgesetzen durchaus Probleme bereiten kann.

Interessanterweise wird der Opiatgehalt von Mohn bei uns nicht kontrolliert, es gibt auch keine Grenzwerte. Bei Untersuchungen wurden stark schwankende Zahlen ermittelt: zwischen 2 und 251 Mikrogramm Morphium in einem Gramm Mohn. Geht man von einem mittleren Gehalt von 60 Mikrogramm Morphium pro Gramm aus, so müsste ein fünfjähriges Kind (und an Kinder ist die Warnung ja gerichtet) 30 Gramm Mohn essen, um eine «therapeutische Dosis» zu sich zu nehmen. Das entspricht vier bis acht Mohnbrötchen oder 200 Gramm Mohnkuchen. Das ist eine ganze Menge. Deshalb halten Ernährungswissenschaftler den Verzehr der schwarzen Körnchen für unbedenklich. Aber vielleicht war in der Vergangenheit, als der Spruch entstand, der Mohn gehaltvoller als heute und führte wirklich manchmal zu einem «doofen» Gefühl im Kopf. Jedenfalls war es früher in manchen Gegenden Deutschlands üblich, kleinen Kindern zwecks Beruhigung ein Leinenbeutelchen zum Nuckeln zu geben, das eine Zucker-Mohn-Mischung enthielt.

Der Begriff «Missionarsstellung» entstammt dem Spott der Südsee-Insulaner über die Sexualpädagogik westlicher Missionare, die den «Wilden» christliche Sexualpraktiken vorschreiben wollten

Stimmt nicht. Die Geschichte, dass die christlichen Missionare den Südseebewohnern die Stellung beim Geschlechtsverkehr vorschreiben wollten, kursiert seit den sechziger Jahren. Damals begann sich der Ausdruck «Missionarsstellung» für die Mann-oben-Frau-unten-Position, bei der die Partner einander ins Gesicht schauen können, durchzusetzen. Auch wenn sie heute in vielen Nachschlagewerken zitiert wird – es handelt sich um eine Legende, und ihr Urheber ist kein Geringerer als Alfred Kinsey, der 1948 mit seinem Werk *Das sexuelle Verhalten des Mannes* (dem «Kinsey-Report») die amerikanische Gesellschaft schockierte.

Die Ehre der Missionare gerettet hat Robert J. Priest (er heißt tatsächlich so) von der Divinity School an der amerikanischen Trinity University. Der Gottesmann fand zunächst einmal die verloren gegangene Quelle der Geschichte bei Kinsey. Der wiederum beruft sich in seinem Buch auf Bronislaw Malinowski, einen Anthropologen, der sich eingehend mit der Sexualität der Südseebewohner beschäftigt hat. Malinowski habe notiert, so Kinsey, dass beim Volk der Trobriander «beim gemeinschaftlichen Lagerfeuer Karikaturen der angloamerikanischen Stellung zur großen Belustigung der Eingeborenen vorgeführt wurden, die sie als die ‹Position der Missionare› bezeichneten».

Aber in Malinowskis Werk *The Sexual Life of Savages in North-Western Melanesia* ist diese Lagerfeuergeschichte nicht zu finden. Offenbar hat Kinsey sie sich in seiner Erinnerung aus

DU MACHEN MIT MIR MISSIONARSSTELLUNG (MANN-OBEN-FRAU-UNTEN), DAMIT ALLE LACHEN ÜBER EINTÖNIGKEIT VON SEXUALSTELLUNG VON WEISSE MANN!?
HEUTE DAMPFERANLEGESTELL(E)UNG. MANN-NEBEN-FRAU.
WOW! MACHT SCHON ZWEI STELLUNGEN! JETZT WIR UNS NICHTMEHR LUSTIG MACHEN.

mehreren Elementen falsch zusammengereimt. Malinowski berichtet zwar tatsächlich, dass sich die Trobriander über die Eintönigkeit der Sexualstellung der Weißen lustig machten – allerdings ist da nicht die Rede von Missionaren, geschweige denn von moralischen Vorschriften. Der Ausdruck der Insulaner für die westliche Stellung war laut Malinowski *ibilimapu*, was so viel bedeutet wie «sie kann nicht mitmachen».

Und dann berichtet der Forscher von einer neuen «Mode» bei den Südseebewohnern, nämlich dass sich verliebte Paare händchenhaltend in der Öffentlichkeit zeigten, was den alten Sitten widerspräche. Diese Unmoral werde als *misinari si bubunela* bezeichnet, als «Missionarsmode». Die Gottesmänner haben das romantische Repertoire der Südseebewohner also nicht prüde eingeschränkt, wie die Legende behauptet, sondern eher erweitert. Von kirchlichen Vorschriften, wie man sexuell zu verkehren habe, keine Spur.

«Kinsey hat anscheinend eine Legende erfunden in dem Glauben, eine historische Tatsache zu berichten», schreibt Priest. So entstand der Ausdruck, der heute in vielen Sprachen zum Allgemeingut gehört.

Brauner Zucker ist gesünder als weißer

Stimmt nicht. Über den Zucker und seine Wirkung auf den Körper gibt es fast religiöse Auseinandersetzungen. Zucker wird nicht nur wegen seiner dick machenden und zahnschädigenden Wirkung gescholten, der raffinierte, «isolierte» Industriezucker soll auch Allergien befördern und das Immunsystem belasten. Ich will hier gar nicht über die Frage richten, ob der Haushaltszucker, der praktisch aus reiner Saccharose besteht, ganz besonders schädlich ist. Nur: Wenn es der weiße ist, dann ist es der braune auch.

Denn brauner Zucker ist keinesfalls «natürlicher» als weißer, sondern er entsteht beim Prozess des Raffinierens. Die braune Farbe kommt daher, dass ihm noch Spuren von Sirup anhaften. Wirklich nur Spuren: Sie machen insgesamt weniger als ein Prozent aus. «Entgegen vielen Fehlmeinungen ist brauner Zucker nicht gesünder als der normale Haushaltszucker», schreibt etwa die Verbraucherzentrale Baden-Württemberg. «Er ist ebenfalls ein isolierter Zucker und hat auf den Körper die gleichen schädlichen Wirkungen.» Es kann also durchaus vernünftig sein, den Konsum von Zucker einzuschränken – egal, welche Farbe der hat. Aber wahrscheinlich assoziieren viele Menschen braun irgendwie mit «öko» und glauben, etwas besonders Gesundes zu sich zu nehmen.

Zerkratzte Teflonpfannen können krebserregende Stoffe freisetzen

Stimmt nicht. In der zerkratzten Pfanne mögen Spiegeleier leichter anbacken, aber Gesundheitsschäden bis hin zum Krebs muss niemand befürchten.

Im ersten «Stimmt's?»-Band wurde geklärt, dass Teflon – kurz für Polytetrafluorethylen – kein Abfallprodukt der Raumfahrt ist, sondern schon 1938 erfunden wurde. Seine Nützlichkeit liegt in der Tatsache, dass es mit kaum einem anderen Stoff reagiert, weder mit dem Bratgut noch mit unseren Verdauungssäften. Diese Eigenschaft hat der Stoff im Bereich von minus 200 bis plus 260 Grad. Um höhere Temperaturen zu erzielen, müsste man die Pfanne schon eine ganze Zeit lang auf dem Gasherd gezielt überhitzen, schreibt die des Abwiegelns unverdächtige Zeitschrift *Öko-Test* unter Berufung auf Experten, die es wissen müssen. Erst in diesem Extremfall beginnt die Teflonschicht sich zu zersetzen – egal, ob angekratzt oder nicht. Dann können tatsächlich giftige und krebserregende Substanzen freigesetzt werden und akut grippeähnliche Symptome, das so genannte Teflonfieber, herbeiführen. Solche Fälle sind aber bislang nur bei Arbeitern in der Industrieproduktion bekannt geworden. Das gewöhnliche Spiegelei bleibt weit unter der kritischen Temperatur, und da könnte man sogar ganze Teflonstückchen mitessen, ohne dass es dem Körper schaden würde.

Die Herstellung einer Solarzelle benötigt mehr Energie, als die Zelle während ihrer gesamten Lebensdauer produziert

Stimmt nicht. Das mag bei den ersten Solarzellen so gewesen sein, aber schon lange gehört diese oft wiederholte Behauptung ins Reich der Legenden. Die Amortisationszeit – also die Zeit, die eine Solarzelle Strom liefern muss, um die in ihre Produktion gesteckte Energie wieder zurückzuliefern – variiert je nach Typ des Elements und natürlich auch nach dem Aufstellungsort. Man kann aber grob sagen, dass zwischen zwei und sechs Jahren verstreichen, bis sich die Investition energetisch rechnet.

Die zweite wichtige Zahl in diesem Zusammenhang ist der so genannte Erntefaktor: Bei dem berücksichtigt man die Lebensdauer und rechnet aus, das Wievielfache der zur Produktion nötigen Energie insgesamt gewonnen wird. Bei Solarzellen liegt dieser Faktor zwischen 5 und 20. Thermische Sonnenkollektoren erreichen höhere Erntefaktoren, bei Windkraftanlagen kann der Wert bis zu 90 betragen.

Und wie ist es mit anderen Energieträgern? Atomkraftwerke erreichen einen Erntefaktor von 100, für Kohlekraftwerke habe ich die Zahl 60 gefunden. Diese Energiebilanz ist natürlich keine Umweltbilanz – während bei regenerativen Energieerzeugern nach der Produktion der Strom sozusagen «kostenlos» fließt, braucht ein Kohle- oder Gaskraftwerk ständig Nachschub an fossilen Brennstoffen und stößt mit jeder Kilowattstunde auch CO_2 in die Atmosphäre aus.

Dass nicht mehr Strom mit Solarzellen produziert wird, hat wenig mit diesen Energiebilanzen zu tun – es liegt hauptsächlich daran, dass sie im Vergleich mit anderen Arten der Energieerzeugung sehr teuer sind.

Getrocknete Bananenschalen haben eine berauschende Wirkung, wenn man sie raucht

Stimmt nicht. Der Ursprung des Gerüchts über die berauschenden Bananenschalen lässt sich ziemlich genau datieren: Im März 1967 erschien die Studentenzeitung *Berkeley Barb* in San Francisco mit einer Geschichte, die die Redaktion wiederum bei der damals populären Band Country Joe and the Fish aufgeschnappt hatte. Man müsse das innere Mark aus der Bananenschale herauskratzen, es im Backofen trocknen und dann als Joint rauchen. Im Sommer der Liebe, als die kalifornischen Hippies mit allem experimentierten, was irgendwie das Bewusstsein zu erweitern versprach, fiel die Meldung auf fruchtbaren Boden. Kurz darauf sollen in der Hippie-Hochburg Haight Ashbury die Bananen ausverkauft gewesen sein.

Country Joe berichtet heute auf seiner Website von den Experimenten, die ungefähr so abgelaufen sein sollen: Vor einem Konzert, die Musiker hatten schon einige in Wasser gelöste LSD-Tabletten intus, probierte man die getrockneten Schalen. «Wirst du high?» – «Nee, wirst du high?» – «Ich weiß nicht, vielleicht ...» Trotz der offenbar nicht sehr überzeugenden Erfahrungen erzählte die Band die Geschichte weiter und verteilte bei einem späteren Konzert 500 Gratis-Bananen-Joints. Angesichts des Medienechos (die Geschichte schaffte es bis in die *New York Times*, *Time* und *Newsweek*) sah sich schließlich sogar die oberste Arzneimittelbehörde FDA genötigt, die gelben Schalen auf halluzinogene Inhaltsstoffe zu untersuchen. Ergebnis: nichts, nothing, nada. «Es gab keine nachweisbaren Mengen bekannter Halluzinogene in dem Material», heißt es in dem Bericht. Trotzdem war die Legende von der legalen Droge wohl faszinierend genug, um bis heute immer wieder weitergegeben zu werden.

Wenn Frauen zusammenwohnen, synchronisiert sich ihr Menstruationszyklus

Stimmt. Schon in vielen Studenten-WGs wurde das Phänomen beobachtet. Erstmals wissenschaftlich untersucht hat es im Jahr 1971 die Psychologin Martha McClintock, die heute an der University of Chicago lehrt. Sie befragte damals 135 Bewohnerinnen eines Studentenheims nach ihrer Regel. Tatsächlich stellte sie fest, dass sich innerhalb von sieben Monaten ein Gleichklang der monatlichen Periode bei Frauen ergab, die auf einem Zimmer zusammenwohnten oder eng befreundet waren. In ihrer Arbeit, die im Wissenschaftsmagazin *Nature* veröffentlicht wurde, vermutete McClintock, dass chemische Signalstoffe, so genannte Pheromone, für die «Gleichschaltung» der biologischen Uhren verantwortlich seien.

Um diese Vermutung zu erhärten, führte Martha McClintock später eine weitere Untersuchung durch. Hierbei trugen Frauen einen Tag lang einen Wattebausch unter der Achselhöhle, der nachher an den Oberlippen weiblicher Testpersonen abgewischt wurde (wie man die Freiwilligen für dieses nicht unbedingt appetitliche Experiment gewonnen hat, ist nicht überliefert). Das Ergebnis, 1998 ebenfalls in *Nature* veröffentlicht: Je nachdem, in welcher Phase des Zyklus sich die Wattebauschträgerin befand, ließ sich die Periode der Testperson entweder verlängern oder verkürzen – ein Hinweis, dass Körperausdünstungen die biologische Uhr justieren.

Welchen Zweck könnte die Synchronisierung der Menstruation haben? War es in den polygamen Horden der Vorzeit von Vorteil, wenn alle Frauen zum gleichen Zeitpunkt fruchtbar waren und auch gleichzeitig Kinder gebaren? Da ist noch viel Raum für Spekulation.

SYNCHRONISIEREN SIE IHREN MENS-TRUATIONSZYKLUS MIT DEM IHRES STARS!
DIESER WATTE-BAUSCH WAR UNTER DER ACHSELHÖHLE VON MARIAH CAREY. SIE MÜSSEN IHN NUR AN IHRER EIGENEN OBERLIPPE AB-WISCHEN.
SCHADE, DASS HELGE SCHNEIDER KEINE FRAU IST.
HELGE FAN

Pferde können nicht kotzen – vor der Apotheke oder anderswo

Stimmt. «Ich hab schon Pferde vor der Apotheke kotzen sehen», sagt man, wenn man ausdrücken will: Ich habe schon scheinbar Unmögliches wahr werden sehen. Wie sieht es aus mit der Fähigkeit der Pferde zum Erbrechen?

«Ich habe noch nie ein Pferd kotzen sehen», sagt Werner Jahn, der in Bargteheide eine Pferdeklinik betreibt. Und auch die Lehrbücher über die Anatomie der Huftiere sind sich einig: «Praktisch» können Pferde sich nicht erbrechen. Das liegt daran, dass zwischen ihrem Magen und der Speiseröhre ein sehr kräftiger Schließmuskel sitzt, der verhindert, dass der Speisebrei den Rückwärtsgang einschlägt. Weil der Magen des Pferdes zudem nicht sehr groß und kaum dehnbar ist, führt das leicht dazu, dass sich das Tier überfrisst. Ein großer Teil der Gesundheitsprobleme bei Pferden hat mit dem sensiblen Verdauungsapparat zu tun.

Der Spruch von den kotzenden Pferden (die Apotheke lassen wir jetzt mal beiseite) hat also einen wahren Kern: Erbrechen ist bei Pferden ein extrem seltenes Ereignis. Ganz und gar ausgeschlossen ist es nicht: Wenn der Darm des Pferdes verschlossen ist, kann der Mageninhalt doch wieder einen Weg nach draußen finden, erzählt Jahn. Allerdings tritt der Speisebrei dann meist nicht durch das Maul aus, sondern durch die Nasenlöcher.

Frauen dürfen/können, wenn sie ihre Tage haben, nicht Sahne schlagen, Wurst machen und Marmelade einkochen

Stimmt nicht. Vielleicht muss man es ja einmal deutlich sagen: Wir leben im 21. Jahrhundert. Frauen werden nicht mehr als die Quelle allen Übels angesehen, auch nicht während ihrer Periode. Das Menstruationsblut enthält keine besonderen Gifte oder Mikroben, die die Sahne gerinnen lassen, die Marmelade am Gelieren hindern oder die Wurst verderben lassen – abgesehen davon, dass die meisten Frauen eher noch mehr als sonst auf Reinlichkeit bedacht sind, wenn sie ihre Tage haben.

Welche geheimnisvollen Ingredienzien der Unreinheit also sollen die Milch zum Gerinnen bringen oder die Marmelade vom Gelieren abhalten? Es gibt sogar heute noch Fotografen, die eine menstruierende Gehilfin nicht ins Labor lassen, um den Film nicht zu verderben. Die Legenden sind zahllos, aber sobald man nach seriösen Quellen sucht, bleibt nichts mehr übrig von der angeblich seit Jahrhunderten belegten Wirkung.

So gibt es im Nahrungsmittelgewerbe, das ja wirklich penibel auf Hygiene bedacht ist, keinerlei entsprechende Vorschriften. Und in der medizinischen Literatur wird die Vorstellung vom giftigen Menstruationsblut schon seit über 50 Jahren nicht mehr vertreten. Fazit also: Es handelt sich um einen Mythos, der in unterschiedlichen Kulturen und bei vielen Naturvölkern bis heute wirkt, wissenschaftlich aber ohne Grundlage ist.

Kühe können nicht schwimmen, weil sie einen schwachen Schließmuskel haben und im Wasser «voll laufen» würden

Stimmt nicht. Diese Frage wurde mir im Verlauf weniger Tage gleich mehrmals gestellt, was darauf schließen ließ, dass ein Massenmedium diesen Unsinn verbreitet haben musste. Und wirklich: Die angebliche Schließmuskelschwäche der Kühe wurde in dem Sat.1-Quiz *Genial daneben!* zum Besten gegeben. Zwar schaue ich die Sendung äußerst gern, aber dann wollte ich doch mal wissen, ob die Fernsehredakteure die angeblichen Wahrheiten ihrer Zuschauer auch gegenrecherchieren.

Im Internet kursiert die Geschichte mit den Kühen hundertfach, vorwiegend auf den unsäglichen Seiten mit (meist falschen) «erstaunlichen Tatsachen». Eine «seriöse» Quelle gibt es auch: Im Juni 2001 hat die *taz* unter der Überschrift *Deutsche Kühe gehen unter* die Geschichte gemeldet – allerdings auf ihrer satirischen Seite mit dem Titel *Die Wahrheit.* Schon allein der Name des angeblichen Forschers von der Humboldt-Universität, Prof. Dr. Hartmut Andryckzuck, sollte stutzig machen – und selbstverständlich gibt es den Wissenschaftler nicht.

Die Wahrheit ist, dass Kühe vielleicht nicht besonders gern schwimmen, dass sie dazu aber durchaus in der Lage sind – dafür gibt es viele Belege. Und jeder Western-Fan weiß, dass Kuhherden oft durch Flüsse getrieben werden. Selbst wenn sie dabei mit den Beinen den Grund erreichen, müsste die Sache mit der undichten Körperöffnung dann ja ebenfalls fatale Folgen haben.

Wenn Frauen keinen BH tragen, leiern ihre Brüste aus

Stimmt nicht. Die Frage «BH – ja oder nein?» scheint auch 30 Jahre nach den (angeblichen) Büstenhalter-Verbrennungsaktionen kämpferischer Feministinnen noch starke Emotionen auszulösen. Bleiben wir also ganz sachlich: Es gibt tatsächlich keine wissenschaftliche Untersuchung, die belegt, dass BHs das «Ausleiern» der weiblichen Brust verhindern können.

Früher war die Ansicht weit verbreitet, dass die Bänder der Brüste eine Unterstützung bräuchten, um der Schwerkraft besser standzuhalten. Das behauptet aber heute niemand mehr. Im Gegenteil: Es gibt Anzeichen dafür, dass diese Bänder degenerieren können, wenn sie im täglichen Auf und Ab nicht genügend gefordert werden. Wissenschaftler der Otsuma-Frauenuniversität in Tokio ließen elf Testfrauen jeweils drei Monate mit und drei Monate ohne BH herumlaufen. Ergebnis: Egal ob groß oder klein, nach drei Monaten im Korsett hing die Brust mehr als nach einem BH-freien Vierteljahr.

Wenn die Brust zu hängen beginnt, dann ist das ein natürlicher Alterungsprozess, der bei manchen Frauen ausgeprägter ist als bei anderen.

Gute Argumente für das Tragen eines BHs gibt es vor allem beim Sport: Christine Haycock von der amerikanischen New Jersey Medical School filmte Sportlerinnen mit einer Hochgeschwindigkeitskamera auf einem Laufband und bei anderen sportlichen Aktivitäten, mit und ohne BH. Ab Körbchengröße C, berichtet die Forscherin, vollführten die ungestützten Brüste beim Aerobic komplizierte spiralförmige Figuren in Form der Ziffer 8. «Kein Wunder, dass die Frauen sich unwohl fühlten», kommentiert Haycock.

Der blaue Ring auf der olympischen Flagge steht für Europa

Stimmt nicht. Pierre de Coubertin, der Vater der Olympischen Spiele der Neuzeit, hat das Symbol aus fünf verschlungenen Ringen selbst entworfen und handkoloriert. Das war im Jahr 1913. Dann kam der Erste Weltkrieg, die Spiele von 1916 fielen aus, und erst 1920 in Antwerpen wehte die weiße Fahne mit den Ringen in den Farben Blau, Gelb, Schwarz, Grün und Rot zum ersten Mal über dem olympischen Stadion.

«Ihre Gestalt ist symbolisch zu verstehen», schrieb de Coubertin 1931 über die Fahne, «sie stellt die fünf Erdteile dar, die in der Olympischen Bewegung vereint sind; ihre sechs Farben entsprechen denen sämtlicher Nationalflaggen der heutigen Welt.» Daraus wird klar: Zwar stellen die Ringe die Kontinente dar, aber es wurde nicht jedem Kontinent eine Farbe zugeordnet. Die Farben (die fünf Ringe plus der weiße Hintergrund) wurden so gewählt, dass in jeder Nationalflagge mindestens eine von ihnen vorkommt.

Pierre de Coubertin bewies historische Weitsicht, als er die weiße Hintergrundfarbe mit einbezog. Inzwischen gibt es nämlich erheblich mehr Staaten auf dem Globus als damals, und einige davon haben Flaggen, in denen keine der fünf «bunten» Farben vorkommt – etwa Qatar, dessen Flagge braun-weiß ist. So aber gilt de Coubertins Prinzip bis heute.

DIE OLYMPISCHE FLAGGE HABE ICH 1913 ENTWORFEN UND HANDKOLORIERT. DANN KAM DER ERSTE WELTKRIEG,
BEWEIS FÜR MEINE HISTORISCHE WEITSICHT. ICH HÄTTE IM KRIEG MEINE HÄNDE VERLIEREN KÖNNEN.

Im «verflixten» siebten Jahr einer Ehe gibt es besonders viele Ehescheidungen

Stimmt. Das Statistische Bundesamt listet alljährlich die Zahl der Ehescheidungen in Deutschland auf und differenziert dabei auch nach der Dauer der jeweiligen Ehe. Und siehe da: Die absolut größte Zahl der geschiedenen Ehen, nämlich 6,4 Prozent, hatte im Jahr 2001 sechs Jahre gehalten – und mit dem sechsten Hochzeitstag beginnt ja bekanntlich das «verflixte siebte Jahr». Die Zahlen für fünf- und siebenjährige Ehen liegen allerdings dicht auf.

Das ist jedoch nur eine grobe Näherungszahl. Will man einen mathematisch genaueren Wert angeben, muss man auch noch berücksichtigen, wie viele Ehen denn in den unterschiedlichen Jahren geschlossen wurden, und die Scheidungsquote darauf beziehen. Diese Rechnung hat Dieter Emmerling vom Statistischen Bundesamt aufgemacht, und sie bestätigt den ersten Eindruck: Die Zahl der Ehescheidungen steigt bis zum Jahr sechs jährlich steil an, findet dort ihr Maximum bei etwa 2,9 Prozent und fällt dann allmählich ab. Insgesamt wird übrigens etwa jede dritte Ehe irgendwann geschieden.

Bevor man dem Volksmund allzu voreilig Recht gibt, muss man aber noch bedenken, dass der Ehescheidung gewöhnlich eine Trennungszeit von mindestens einem Jahr vorausgeht. Also «muss der Grund für das Zerbrechen der Ehe in den meisten Fällen mindestens ein Jahr zuvor eingetreten sein», schreibt Emmerling. Die Partner sollten deshalb lieber schon im fünften Jahr auf der Hut sein, wenn sie nicht im siebten die Ehe nur noch formal abwickeln wollen.

Professionelle Tierfänger fangen im Auftrag von Versuchslabors oder Pelzfabriken frei laufende Katzen und Hunde ein

Stimmt nicht. Wenn die geliebte Katze verschwindet, suchen verzweifelte Besitzer nach Erklärungen. Wenn innerhalb kurzer Zeit dann auch noch mehrere Tiere in derselben Straße vermisst werden, ist die Geschichte mit den «Tierfängerbanden» schnell bei der Hand. Manchmal wird dann sogar der Altkleidersammler verdächtigt, bei seinen Fahrten gleich noch ein paar Haustiere mit einzusammeln.

Es fehlt aber jeglicher Beleg dafür, dass es den organisierten Tierdiebstahl gibt. Ulrike Sweden vom Landeskriminalamt Hamburg weiß von keinem Fall. «Katzenhandel würde sich nicht lohnen», sagt die Beamtin. Die wenigen Katzen, die in den Versuchslabors der Arzneimittelindustrie ums Leben kommen, stammen aus streng kontrollierter Zucht. Die Pelzhändler importieren ihre Katzenfelle aus Asien. Und die Rheumadecken-Industrie ist zu klein, um den Verlust von Tausenden von Katzen zu erklären.

Auch wenn sich inzwischen viele Initiativen gegen den angeblichen Tierdiebstahl gebildet haben, sind seriöse Tierschützer sehr zurückhaltend. Es gebe wohl «keinen organisierten Tierklau», sagte der Präsident des Deutschen Tierschutzbundes, Wolfgang Apel, kürzlich in der Fernsehsendung *Akte 04*.

Wohl zu keinem «Stimmt's?»-Artikel in der *Zeit* habe ich so viele Leserbriefe bekommen wie zu dem über die angeblichen Tierfänger. Es gibt sehr viele Initiativen gegen den «Haustierklau», und sie beklagen, dass sie von den offiziellen Tierschutzverbänden nicht ernst genommen werden. Aber davon, dass es den organisierten Handel mit gestohlenen Haustieren gibt, konnte mich keine der Zuschriften überzeugen.

Je nach Windrichtung werden Geräusche mehr oder weniger weit getragen

Stimmt. Aber wie schafft es eine Luftströmung, die sich mit wenigen Metern pro Sekunde bewegt, Schallwellen zu «tragen», deren Geschwindigkeit 330 Meter pro Sekunde beträgt? An der minimalen Beschleunigung der Schallausbreitung kann es nicht liegen.

Es hat etwas mit Brechung zu tun. Denn nicht nur Lichtwellen, auch Schallwellen können gebrochen werden. Normalerweise breitet sich der Schall von seiner Quelle aus geradlinig und kugelförmig aus. Bei Wind ändert sich das. Das liegt daran, dass die Windgeschwindigkeit in den unterschiedlichen Luftschichten nicht konstant ist, meist nimmt sie vom Boden aus nach oben hin zu. Das bedeutet, dass der Schall bei Rückenwind in der Höhe zusätzlichen Schub bekommt. Die Folge: Die Schallwellen werden gebrochen und ändern ihre Richtung – wie Lichtstrahlen, die in ein anderes Medium mit höherer optischer Dichte eintreten.

Der Rückenwind lenkt nun in der Höhe Wellen, die den Zuhörer sonst nicht erreichen würden, zum Boden hin ab – sie können auf diese Weise sogar Hindernisse wie Mauern oder Häuser überwinden. Die entfernte Blaskapelle klingt sehr laut.

Spielt sie allerdings gegen den Wind, werden die Schallwellen vom Boden weggebrochen und quasi in den Himmel geschickt. Der Schallpegel sinkt, es kann sogar ein «Schallschatten» entstehen, in dem praktisch nichts von der Musik zu hören ist, obwohl zwischen der Kapelle und dem Zuhörer kein Hindernis steht.

ICH STEHE LEIDER IM SCHALLSCHATTEN, ABER ETWA HUNDERT METER GEGEN DEN WIND SIND SIE ZU HÖREN. DA HAT SICH EIN HALBKREIS "UM SIE" GEBILDET.
DA WÜRDE ICH DIE KISTE FÜRS GELD HINSTELLEN.

Wenn man Zucker in den Tank eines Autos schüttet, ruiniert man damit den Motor

Stimmt nicht. Der Motor ist bei einem solchen Sabotageakt relativ ungefährdet – weil der Zucker es wohl nie bis in den Verbrennungsraum schafft. Je nach der Zuckermenge, die in den Tank geschüttet wird, könnte es sogar sein, dass der Besitzer von dem bösen Streich gar nichts bemerkt.

Zucker ist ein Kohlenhydrat, das in Kohlenwasserstoffen wie Benzin nicht löslich ist. Die Körnchen sinken also wie Sand auf den Boden des Tanks. Sollte sich dort Kondenswasser befinden, das ja auch schwerer ist als Benzin, können sich eventuell auch kleine, sirupartige Klümpchen bilden. Wenn die Zuckermenge groß genug ist, können die Körnchen oder Klümpchen einen der Filter der Benzinanlage verstopfen. Von denen gibt es einige – ihr Zweck ist ja gerade das Zurückhalten von Fremdkörpern, die auf irgendeine Weise in den Tank gelangt sind. Wenn feine Partikel alle Filter passieren und bis in die Einspritzanlage gelangen (einen Vergaser besitzt heute kaum noch ein Auto), kann der Schaden schon größer sein. Der Effekt bei allen Verstopfungen: Der Wagen bleibt stehen, weil der Motor keinen Sprit mehr bekommt. In den Motor selbst kann der Zucker nach menschlichem Ermessen nicht vordringen.

Wenn tatsächlich einmal ein Bösewicht Zucker in den Tank geschüttet hat, hilft nur eins: in die Werkstatt mit dem Wagen, den Tank ausbauen und reinigen lassen. Das kostet vielleicht 200 Euro, löst aber aller Voraussicht nach das Problem.

In Irland gibt es keine Schlangen – sie wurden vom heiligen Patrick vertrieben

Stimmt. Zumindest der erste Teil des Satzes. Der heilige Patrick, der im 5. Jahrhundert die irischen Kelten missionierte, musste die Schlangen nicht von der Insel vertreiben – es gab schon damals keine. Der Grund dafür ist die geografische Isolation Irlands. In der letzten Eiszeit waren England und Irland von einem dicken Eispanzer überzogen, kein Reptil konnte in dieser Kälte überleben. Vor etwa 18000 Jahren begann das Eis sich zurückzuziehen. Damals waren die Britischen Inseln noch über Landbrücken mit dem Festland verbunden. Nach England und Schottland wanderten die Schlangen wieder ein, aber bevor sie nach Irland vordringen konnten, hatte das steigende Meerwasser die Insel vom Rest des heutigen Großbritannien isoliert. Offenbar waren die flinken Eidechsen schneller – jedenfalls haben sie es als einzige Reptilien auf die Grüne Insel geschafft. Die biogeografische Sonderstellung teilt Irland in den gemäßigten Breiten der Erde sonst nur mit Neuseeland – auch dort gibt es keine Schlangen.

Ab und zu entweichen natürlich auch in Irland einzelne Kriechtiere aus Terrarien. 1831 wollte ein Mann die Wirksamkeit von St. Patricks Fluch auf die Probe stellen und ließ sechs Schlangen in seinem Garten frei – die Nachbarn erschlugen sie. Jedenfalls gibt es bis heute keine nennenswerte Population wilder Schlangen in Irland.

Ratten können durch die Toilette in die Wohnung gelangen

Stimmt. Die Geschichte von den Alligatoren in der Kanalisation mag eine Legende sein (siehe Seite 110) – dass Ratten die Rohre im Untergrund bevölkern, ist bittere Realität. Und sie schaffen es tatsächlich hin und wieder, die Fallrohre von Toiletten hinaufzuklettern, sogar über mehrere Stockwerke. Das geht besonders gut, wenn diese Rohre schon betagt sind und ihre zerklüfteten Wände genügend Kletterhilfen für die Nager bieten. Dann muss das Tier nur noch durch das wassergefüllte Rohrknie der Toilette tauchen – und schon sitzt es in der Schüssel. Keine schöne Vorstellung, im privatesten Moment auf diese Weise Besuch zu bekommen. Da hilft nur: Klodeckel zu! Und selbst die sind schon von ausbruchwilligen Ratten angeknabbert worden.

Ursache für die Rattenplage ist vor allem die Unsitte, Essensreste in die Toilette zu kippen. Die sind regelrechte Köder für das Getier, sowohl in der Kanalisation als auch im privaten Fallrohr. Übriggebliebene Lebensmittel gehören grundsätzlich in den Hausmüll oder die Biotonne.

Gegen das Eindringen der Ratten in die Wohnung sind im Fachhandel übrigens «Einwegklappen» erhältlich, die direkt hinter der Toilette ins Abflussrohr eingebaut werden. Die kriegt auch die schlaueste Ratte nicht auf.

WAS KOSTET DIE KLOBENUTZUNG FÜR "NICHTGÄSTE, DIE IHRE ESSENSRESTE NICHT ZU HAUSE INS KLO KIPPEN MÖGEN, WEGEN DER RATTEN"?
ÄH... 1 EURO.

Manche Menschen träumen schwarzweiß, andere in Farbe

Stimmt nicht. Schlafforscher gehen davon aus, dass fast alle Menschen so träumen, wie sie auch sehen – und das heißt in Farbe. Vor der Erfindung der Fotografie hätte niemand mit der Frage «Träumen Sie in Schwarzweiß?» überhaupt etwas anfangen können – dass es Bilder in Graustufen gibt, liegt ja zunächst an der Unzulänglichkeit der frühen Foto- und Fernsehtechnik. Der amerikanische Forscher Eric Schwitzgebel hat Traumberichte aus allen Jahrzehnten des 20. Jahrhunderts ausgewertet und festgestellt, dass Berichte über schwarzweiße Träume erst mit dem Kino aufkommen. Am höchsten war ihre Zahl in den fünfziger Jahren, als das Schwarzweißfernsehen seine große Zeit hatte.

Dass die Menschen, die von Schwarzweißträumen berichten, im Schlaf ihr Leben tatsächlich grau in grau sehen, bezweifelt auch der Traumforscher Michael Schredl vom Zentralinstitut für Seelische Gesundheit in Mannheim. «Es ist eine Frage der Erinnerung», sagt Schredl. Menschen, die sich häufig und gut an ihre Träume erinnern können, würden sich auch eher an farbige Details erinnern. Angeblichen Schwarzweißträumern gibt er den Tipp: «Schauen Sie noch einmal genauer hin!» Dann würde den meisten auffallen, dass etwa die Gesichter der Menschen im Traum nicht grau sind, sondern genauso fleischfarben wie im richtigen Leben.

TRAUMFÄNGER
BEI SCHWARZ/WEISS-TRÄUMEN REICHT DAS KISSEN.

Sokrates hat gesagt: «Die Jugend liebt heute den Luxus. Sie hat schlechte Manieren, verachtet die Autorität, hat keinen Respekt mehr vor älteren Leuten und diskutiert, wo sie arbeiten sollte»

Stimmt nicht. Es ist immer schwer zu beweisen, dass jemand etwas nicht gesagt hat. Bei Sokrates kommt erschwerend hinzu, dass wir seine Reden nur aus den Schriften späterer Autoren kennen, vor allem von Platon, aber auch von Aristophanes oder Plutarch.

Sokrates hat sich viel über das Verhältnis zwischen Alt und Jung ausgelassen, etwa in dem Dialog, der in Platons *Staat* wiedergegeben wird. Dort geißelt er die Verlotterung der Sitten, die sich durch ein Zuviel an Freiheit ergebe: «Der Lehrer fürchtet und hätschelt seine Schüler, die Schüler fahren den Lehrern über die Nase und so auch ihren Erziehern. Und überhaupt spielen die jungen Leute die Rolle der alten und wetteifern mit ihnen in Wort und Tat, während Männer mit grauen Köpfen sich in die Gesellschaft der jungen Burschen herbeilassen.»

Der Philosoph beklagt sich also über eine Auflösung der Rollenverteilung zwischen Alten und Jungen. Auch an anderen Stellen findet man negative Äußerungen des Sokrates über die Jugend. Das genannte Zitat allerdings findet sich zumindest bei Platon nirgends, wie mir drei ausgewiesene Experten von deutschen Universitäten bestätigen. Dass die «Jugend von heute» immer schlimmer sei als die jeweilige Elterngeneration, wird gewiss seit Jahrhunderten beklagt – nur lässt sich das Sokrates-Zitat nicht als Beweis dafür nehmen.

Frauen sind weniger schmerzempfindlich als Männer

Stimmt nicht. Es gibt wissenschaftliche Studien darüber, und sie deuten alle in dieselbe Richtung: Sowohl was die «Wehleidigkeit» angeht, also das subjektive Schmerzempfinden, als auch bei der objektiven Weiterleitung der Schmerzsignale im Körper sind Männer unempfindlicher als Frauen. Das gängige Vorurteil, das Frauen für weniger empfindlich hält, weil sie ja unter Schmerzen Kinder gebären müssen, ist also falsch.

Das subjektive Schmerzempfinden untersuchten Ärzte der kolumbianischen Universität Bogotá an 423 Frauen und 277 Männern. Alle hatten eine schwere Bauchoperation hinter sich, die Schmerzen wurden mit Morphinen behandelt. Trotz ihres geringeren Körpergewichts benötigten die Frauen im Durchschnitt 30 Prozent mehr von dem Medikament als die Männer, um eine Linderung des Schmerzgefühls zu erreichen.

Solche Ergebnisse könnte man damit erklären, dass Männer («Ein Indianer kennt keinen Schmerz!») dazu erzogen werden, weniger zu jammern. Forschungen haben ergeben, dass das starke Geschlecht in Gegenwart einer attraktiven Ärztin die Zähne besonders stark zusammenbeißt.

Es gibt aber auch Anzeichen, dass im männlichen Körper die Schmerzsignale anders weitergeleitet werden. Amerikanische Forscher fanden in Versuchen mit Mäusen ein Protein, das bei männlichen Tieren für eine erhöhte Schmerztoleranz sorgt. Wurde dieses Protein blockiert, waren die Mäuseriche genauso schmerzempfindlich wie die Weibchen. Andere Wissenschaftler fanden heraus, dass das männliche Hormon Testosteron offenbar den Schmerz unterdrückt: Sie tauchten die Füße von männlichen Spatzen in warmes Wasser und erhöhten die Temperatur auf 51 Grad. Spatzen, die eine erhöhte Dosis des Hormons bekommen hatten, hielten es dreimal so lange im heißen Wasser aus wie ihre unbehandelten Kollegen.

Nase und Ohren eines Menschen wachsen auch noch im Alter weiter

Stimmt wohl. Die wissenschaftlichen Daten zu dieser alltäglichen Frage sind allerdings äußerst dünn. Eins scheint sicher zu sein: Ältere Menschen haben größere Nasen und Ohren als jüngere. Zu den Nasen gibt es eine Untersuchung von Andreas Zankl, einem Genetiker an der Universität Zürich. Der vermaß 2001 die Gesichtserker von 2500 Probanden aller Altersgruppen. Ergebnis: Mit 97 ist die Nase im Durchschnitt um 0,8 Zentimeter länger als mit 30.

Die Frage nach den Ohren beschäftigte eine Gruppe von Ärzten in der britischen Grafschaft Kent. Sie ermutigten ihre niedergelassenen Kollegen, im Rahmen anderer Untersuchungen auch das Hörorgan ihrer Patienten zu vermessen. Aus den Daten von 206 Patienten entwickelte James Heathcote eine Formel: Die mittlere menschliche Ohrlänge in Millimetern beträgt demnach 55,9 + (0,22 × Alter in Jahren). Heißt also: In fünf Jahren wird das Ohr einen Millimeter größer.

Aber heißt es das wirklich? Zunächst besagen diese Daten nur, dass die heutigen Alten längere Nasen und Ohren besitzen als die heutigen Jungen. Das kann auf stetiges Wachstum zurückzuführen sein. Es gibt aber auch eine andere Deutungsmöglichkeit: Vielleicht werden aus irgendeinem Grund Menschen mit großen Ohren und Nasen besonders alt? Das sagt man zum Beispiel in China.

Zusammenfassend ist zu sagen: Es gibt gute Indizien, dass die Riech- und Hörorgane im Alter weiter wachsen, aber letztlich geklärt werden könnte die Frage nur durch Studien, in denen man bei einzelnen Probanden ein Leben lang immer wieder nachmisst.

Lippen-Fettstifte können süchtig machen

Stimmt nicht. Es herrschen bezüglich der Wirkung dieser Stifte seltsame Vorstellungen. Zum Beispiel hat die Austrocknung der Lippen mit schlecht funktionierenden Talgdrüsen nichts zu tun, denn über die verfügen die Lippen gar nicht. Es geht um Feuchtigkeitsverlust, der besonders bei trockenem oder windigem Wetter droht. Ständiges Befeuchten der Lippen mit der Zunge verstärkt die Austrocknung noch. Die Stifte sollen eine schützende Fettschicht bilden, sodass weniger Wasser verdunstet.

Es gibt tatsächlich eine Menge Menschen, die solche Stifte nicht nur in Ausnahmesituationen anwenden, sondern praktisch ständig. Ein Stift liegt griffbereit neben dem Bett, einer im Schreibtisch im Büro, einer in der Handtasche. Im Internet gibt es sogar eine Website Lip Balm Anonymous, analog zu den Anonymen Alkoholikern.

Aber es gibt weder Anzeichen dafür, dass in den Lippenstiften psychisch abhängig machende Substanzen sind, noch dafür, dass die Lippen mit Balsamschicht schneller austrocknen als ohne. Die «Sucht» ist eher eine Gewöhnung an das angenehme Gefühl eingeschmierter Lippen. Wenn man es nicht tut, fehlt einem etwas – genauso wie bei der Gewöhnung an Hautcremes. Nach ein paar Tagen «Entzug» verschwindet dieses Gefühl. Andererseits sind vom übermäßigen Cremen auch keine Schäden zu erwarten, solange man Stifte mit möglichst wenigen Zusätzen (UV-Filter, Menthol) verwendet.

WAS IST DENN MIT TIFFANY LOS?
ICH GLAUBE, SIE HAT IHREN LIPGLOSS-STIFT ZU HAUSE VERGESSEN.

Alkoholiker im Delirium sehen weiße Mäuse

Stimmt. Wer einmal einen Vollrausch hat, der sieht noch keine weißen Mäuse. Solche Halluzinationen gibt es erst im letzten Stadium des Alkoholismus, der chronischen Phase. Dann gehören die berühmten Nagetiere keineswegs ins Reich der Legenden. Warum weiße Mäuse und keine rosa Elefanten? «Weil rosa Elefanten in der Vorstellungswelt der meisten Menschen nicht vorkommen», sagt der Psychiater Werner Strik von der Universität Bern.

Die Fantasiebilder bestehen meist aus kleinen, alltäglichen Dingen, die der Delirierende sozusagen in sein reales Bild der Welt «einbaut»: neben den Mäusen auch Schlangen, Insekten, Haar- und Staubbüschel. Oft sind solche Halluzinationen verbunden mit einer haptischen Täuschung – also etwa der Vorstellung, dass Insekten über den Arm krabbeln.

Warum bei Alkoholikern vor allem diese optischen Halluzinationen auftreten und nicht etwa akustische Trugvorstellungen, wie sie Schizophrene haben, ist letztlich noch nicht geklärt. Strik vermutet, dass es sich beim Delir um eine allgemeine Übererregung des Kortex im Gehirn handelt, und darin nimmt die visuelle Abteilung den weitaus größten Raum ein. Bei halluzinierenden Schizophrenen wurde dagegen eine Fehlfunktion von Hirnregionen nachgewiesen, die nur für das Gehör zuständig sind.

Man kann die visuellen Trugbilder der Alkoholiker übrigens auch regelrecht provozieren: Hält man ihnen ein weißes Blatt Papier vor und bittet sie, es vorzulesen, so werden viele einen Text sehen und ihn zu rezitieren beginnen.

ICH SCHMEISS 'NE RUNDE FÜR ALLE, DIE ICH HALLUZINIERE. DEM BÜNDEL MÜCKEN LINKS VON MIR STATT EINEM GLAS EIN SCHÄLCHEN SCHNAPS, BITTE.

Man kann sterben, wenn man zu viel Wasser trinkt

Stimmt. In Ratgebern wird uns immer eingebläut, dass wir zu wenig trinken. Vor allem ältere Menschen sollen täglich zwei bis drei Liter Flüssigkeit zu sich nehmen. Aber auch wenn unser Körper überwiegend aus Wasser besteht, gilt der Spruch des Paracelsus: Die Dosis macht das Gift. Man kann tatsächlich zu viel trinken und sogar daran sterben.

Allerdings wird es der Normalbürger kaum schaffen, die entsprechende Menge zu verdrücken. Gefährdet sind vor allem Ausdauersportler. Unerfahrene Marathonläufer, die an jeder Station einen kräftigen Schluck aus der Flasche nehmen, können sich eine regelrechte «Wasservergiftung» zuziehen. Was dabei passiert: Der Körper verliert beim Laufen Wasser und Salze in Form von Schweiß. Beim Trinken wird aber nur das Wasser wieder ersetzt. Es entsteht ein umgekehrter Effekt wie beim Konsum von zu viel Salz (siehe Seite 68): Durch die Osmose dringt Wasser verstärkt in die Zellen des Körpers, das Blut wird regelrecht verdünnt, sodass ein gefährlicher Mangel an Natrium, Kalzium und anderen wichtigen Stoffen entstehen kann. Hyponaträmie wird dieser – in manchen Fällen sogar lebensbedrohliche – Zustand genannt. Beim Chicago Marathon 1998 ist ein Läufer daran gestorben, und Untersuchungen haben ergeben, dass ein großer Teil der Laufsportler zu viel trinkt.

Es gibt noch eine weitere Risikogruppe für die Wasservergiftung: Babys. Wenn man die zu lange unkontrolliert am Fläschchen saugen lässt, kann das auch gefährlich werden.

Man kann mit Sekundenkleber auch Wunden verschließen

Stimmt. Cyanacrylat, so der chemische Name des schnellen Klebers, stammt aus den Labors der amerikanischen Firma Kodak. Sein ursprünglicher Zweck war militärischer Natur, hatte aber nichts mit Wunden, ja noch nicht einmal etwas mit Kleben zu tun: Sein Entdecker Harry Coover war 1942 auf der Suche nach einem unzerbrechlichen, transparenten Kunststoff für die Zieloptik von Panzern. Das klebrige Zeug war jedoch für diese Zwecke nicht geeignet, und so blieb es jahrelang unbeachtet. Erst später kam man auf die Idee, die Substanz als Klebstoff einzusetzen – 1958 kam der erste Sekundenkleber unter dem Namen Eastman #910 auf den Markt.

Cyanacrylat lässt auch Finger beängstigend schnell und fest aneinander kleben, und so lag die Idee nicht fern, den Klebstoff für die Behandlung von Wunden einzusetzen. Eine feuchte Umgebung macht ihm nämlich nichts aus – im Gegenteil. Erst durch Wasser, das er normalerweise aus der Luftfeuchtigkeit bezieht, wird der Kleber richtig fest. Tatsächlich nutzte das US-Militär Cyanacrylat-Spray im Vietnamkrieg zur Behandlung großflächiger Wunden, deren Blutung man damit schnell zum Stillstand brachte.

Am besten geeignet ist der Superkleber allerdings zum Schließen von Schnittwunden. Denn dafür bringt er diverse Vorteile mit sich: Die Wunden lassen sich damit sehr exakt zusammenfügen, außerdem sind die Narben weniger hässlich als bei einer Naht, und das lästige Fädenziehen entfällt, weil die Klebereste nach ein paar Tagen einfach abfallen. Außerdem wissen es viele Unfallopfer, vor allem Kinder, zu schätzen, dass sie nach einer schmerzhaften Verletzung nicht auch noch die oft schmerzhaftere Prozedur des Nähens über sich ergehen lassen müssen.

Inzwischen produzieren schon mehrere Firmen Sekundenkleber ausschließlich für medizinische Zwecke. Man sollte zu diesen Spezialpräparaten greifen und nicht zum gewöhnlichen Bastelkleber.

Der Genuss von Karotten lässt einen schärfer sehen

Stimmt nicht. Diese «Weisheit» (oft ergänzt um den Zusatz «… oder haben Sie schon mal einen Hasen mit Brille gesehen?») ist ein Paradebeispiel dafür, wie aus einem Körnchen Wahrheit eine Falschaussage wird.

Richtig ist, dass Karotten Betacarotin enthalten, das im Körper zu Vitamin A umgewandelt wird. Richtig ist auch, dass dieses Vitamin unabdingbar ist für unsere Sehkraft. Es ist ein Baustein des Rhodopsins, mit dem die Zellen der Netzhaut Hell und Dunkel unterscheiden. Wem es daran mangelt, der kann nachtblind werden. Mit «scharf sehen» hat das aber nichts zu tun. Kurz- und Weitsichtige können noch so viele Möhren mümmeln, sie bekommen davon allenfalls einen gelblichen Teint (auch eine Wirkung des Betacarotins), aber keinen besseren Durchblick!

Es gibt auch erheblich bessere Vitamin-A-Lieferanten als die Möhre. In tierischen Produkten wie Leber (insbesondere: Eisbärleber) und Milchprodukten ist das Vitamin selbst enthalten und nicht nur die Vorstufe. Und beim Gemüse haben Kohl, Spinat und Kürbis einen höheren Betacarotin-Gehalt als die Karotte.

Überhaupt braucht der Mensch gar nicht viel Vitamin A. Zwei Möhren am Tag decken den Bedarf. Am besten mit Butter zubereitet, weil das Vitamin fettlöslich ist.

Wenn man einen Esslöffel Salz isst, stirbt man

Stimmt nicht. Natrium ist ein wichtiger Mineralstoff, den wir zum Leben brauchen, und wir nehmen ihn vor allem mit dem Natriumchlorid zu uns, also dem gewöhnlichen Kochsalz. Etwa ein Gramm Salz pro Tag brauchen wir mindestens, die meisten von uns nehmen aber 3 bis 13 Gramm auf. Wer ständig zu salzig isst, der läuft nach Meinung vieler Mediziner ein erhöhtes Risiko, Herz und Kreislauf zu schädigen.

Kann man sich mit Salz vergiften? Man kann. Die toxische Wirkung entsteht durch die so genannte Osmose: Wenn zwei benachbarte Zellen eine unterschiedliche Konzentration an Salzen enthalten, dann fließt in dem Bestreben, dieses Gefälle auszugleichen, Wasser durch die Zellwand von der Zelle mit der höheren Konzentration in die mit der niedrigeren. Zu viel Salz im Verdauungstrakt zieht auf diese Weise durch die Membranen das Wasser aus dem Körper heraus.

Für Gifte hat man in der Medizin die LD50-Dosis definiert: Das ist die Menge eines Stoffes, verabreicht innerhalb von 24 Stunden, bei der die Hälfte der Personen sterben würde. Bei Kochsalz beträgt die LD50-Dosis etwa drei Gramm pro Kilo Körpergewicht. Das heißt: Ein Kleinkind kann von einem großen Esslöffel Salz (20 Gramm) sterben, ein Erwachsener müsste innerhalb von 24 Stunden schon mehr als 10 Esslöffel Salz futtern. Das schafft wohl niemand freiwillig.

Trotzdem ist es erstaunlich, dass die lebensnotwendige und die tödliche Tagesration beim Salz sich nur um den Faktor 100 unterscheiden. Bei Fluoriden zum Beispiel, die uns vor Karies schützen sollen, beträgt der Faktor 1000.

Wenn man Äpfel und Orangen zusammen in einer Obstschale aufbewahrt, werden sie schneller schlecht

Stimmt. So schön ein mit vielen unterschiedlichen Früchten gefüllter Obstkorb ist – vom sachlichen Standpunkt der Haltbarkeit her gesehen, ist er ein sicheres Mittel, Obst schnell verderben zu lassen. Es ist zu hell und zu warm, die hiesigen Obstsorten lagert man am besten im Kühlschrank. Südfrüchte vertragen ein paar Grad mehr, die halten sich am besten bei Temperaturen um 15 Grad im dunklen Keller.

Hinzu kommt noch, dass sich die Früchte gegenseitig beim Reifungsprozess beeinflussen. Reifende Äpfel, Birnen, Tomaten und Bananen sondern nämlich das Gas Ethylen ab, das als Pflanzenhormon wirkt und vielen Früchten das Signal gibt, vom grünen in den süßen und leider bald auch in den braunen Zustand überzugehen. Manchmal setzt man das auch gezielt ein: Bananen etwa werden als grüne Früchte über den Ozean transportiert und nach ihrer Ankunft mit Ethylen begast, damit man sie möglichst bald verkaufen kann. Zu Hause kann man den Effekt nutzen, wenn grüne Bananen oder auch eine harte Avocado schneller genießbar werden sollen.

Äpfel dünsten am meisten Ethylen aus, zehnmal so viel wie Bananen. Deshalb sind sie regelrechte Killer für andere Obstsorten. Und nicht nur für Obst – sogar Schnittblumen altern in der Gegenwart von Äpfeln schneller, und Kartoffeln beginnen zu keimen. Eine hübsche Obstschale sollte also nur auf dem Tisch haben, wer die Früchte innerhalb der nächsten Tage essen will.

Man kann Eisenmangel vorbeugen, indem man Äpfel isst, die man zuvor mit Nägeln gespickt hat

Stimmt grundsätzlich. Denn ganz abwegig ist dieses alte Hausmittel nicht, sagt Hans-Heinrich Jörgensen, ein Ernährungsberater, der sich mit Spurenelementen auskennt. Was dabei wirkt, ist aber nicht eventueller Rost, der sich auf den Nägeln gebildet hat. Rost ist oxidiertes Eisen. Die braunen Flecken, die sich im nagelgespickten Apfel bilden, bestehen dagegen aus Eisenmalat, einem zweiwertigen Salz. In dieser Form wird das Eisen vom Körper gut aufgenommen, besonders im Zusammenwirken mit Vitamin C. Just solche Eisenverbindungen sind auch in den Präparaten enthalten, die man als Nahrungsergänzungsmittel kaufen kann.

Die Eisenmenge, die man sich so zuführt, lässt sich jedoch kaum kontrollieren, deshalb raten die Fachleute von dieser Art der Selbsttherapie ab. Denn in zu hoher Dosierung ist das lebenswichtige Metall durchaus schädlich.

Überhaupt leidet heute kaum jemand unter Eisenmangel. Etwa ein Milligramm des Metalls verlieren wir täglich, und zu seinem Ersatz müssen wir etwa 10 Milligramm zu uns nehmen. Dazu brauchen wir eigentlich keine Eisenpräparate, das beste Mittel gegen Eisenmangel ist eine ausgewogene Ernährung, betont Sven-David Müller von der Gesellschaft für Ernährungsmedizin und Diätetik. Die am besten verwertbaren Eisenverbindungen stecken im Fleisch. Vegetarier decken ihren Eisenbedarf durch Pilze und Vollkornprodukte.

Wer die Apfel-Nagel-Therapie unbedingt ausprobieren will, für den hat Hans-Heinrich Jörgensen einen wichtigen Tipp: «Die Nägel vor dem Essen herausziehen!»

ALTES HAUSMITTEL! NÄGEL IM APFEL STEIGERN DEN EISENGEHALT IM BLUT. ZWEI NÄGEL SIND NOCH FREI!

Die Williamsbirne in der Schnapsflasche ist tatsächlich dort gewachsen

Stimmt. Die dekorative Flasche mit der Birne drin ist eine Entwicklung der Walliser Familie Germanier. Und tatsächlich wächst, zumindest bei den guten Bränden aus der Schweiz, die Birne in der Flasche.

Und das funktioniert folgendermaßen: Nach der Birnbaumblüte werden im Mai, wenn man sehen kann, aus welchen Blüten sich Früchte entwickeln, die Flaschen über die Knospen gestülpt und befestigt – mit der Öffnung nach unten, damit kein Regenwasser eindringt. Dann haben die Birnen vier Monate Zeit, sich im Inneren der Flasche zu entwickeln. Nur jede dritte ist gut genug, um weiterverarbeitet zu werden – die anderen lässt man einfach verfaulen, dann kann die Flasche gereinigt und im nächsten Jahr wieder verwendet werden. Die guten Birnen werden drei Monate in Alkohol getränkt. Schließlich wird die Flasche mit kostbarem Birnenbrand aufgefüllt. Wieder heraus bekommt man die Frucht nur, indem man die Flasche zerschlägt.

Allerdings gibt es mittlerweile auch Billigvarianten des Schnapses mit der Birne. Bei denen sägt man der Flasche einfach den Boden ab und klebt ihn nach dem Hineingeben der Birne wieder fest. Das verräterische Zeichen dieser Mogelflaschen: Die Schnittstelle ist mit einer Papierbanderole abgeklebt.

WENN IHM WAS UNANGENEHM IST, GRÜSST ER NICHT. WAHRSCHEINLICH IST ES EINE MOGEL-FLASCHE BIRNEN-BRAND.

Energy-Drinks wie Red Bull enthalten unter der Bezeichnung «Taurin» Urin von Stieren

Stimmt nicht. Das ist ja eine schöne Etymologie, das Wort aus dem griechischen *tauros* (Stier) und Urin zusammenzusetzen! Die Geschichte mit dem Stier stimmt teilweise: Taurin wurde zum ersten Mal aus der Gallenflüssigkeit von Rindern extrahiert. Es ist eine Aminosulfonsäure, die sich im Körper aller Säugetiere findet. Hat also nichts mit Urin zu tun. Übrigens auch nichts mit potenzsteigernden Stierhoden, wie ein anderes Gerücht lautet.

Warum aber kippen die Hersteller der vollsynthetischen, nach verflüssigten Gummibärchen schmeckenden Limonaden den Stoff in ihre Getränke? Taurin erleichtert vielen Wirkstoffen den Übertritt in die Blutbahn, unter anderem dem Koffein. Von dem ist in einer Dose des Kult-Gesöffs nicht mehr als in einer Tasse Kaffee – doch durch das Taurin soll es noch wacher machen und angeblich «Flühügel» verleihen. Man kann aber davon ausgehen, dass durch solche geheimnisvoll klingenden Zutaten eher das Image eines legalen Aufputschmittels gefördert werden soll. Tatsächlich sind Red Bull und Konsorten eher harmlos.

Auf jeden Fall muss man von dem darin enthaltenen Taurin keine gesundheitlichen Schäden befürchten. Jede Büchse enthält etwa ein Milligramm der Substanz – in der gleichen Menge Muttermilch ist zwölfmal so viel.

ICH WÜSSTE NICHT, WORÜBER ICH BEI EINER DOSE TAURIN REDEN SOLLTE.
FLÜGELVERLEIH UND WEIN
TAURIN VERLEIHT FLÜGEL

Treibsand kann Menschen und sogar Kamele unwiederbringlich verschlingen

Stimmt vielleicht. Die Szene ist aus Hollywoodfilmen wie *Lawrence von Arabien* bekannt: Der gefährliche Treibsand verschluckt unweigerlich jeden, der hineinfällt. Gibt es das in der Wirklichkeit?

Man muss zwei Sorten von Treibsand unterscheiden: nassen und trockenen. Zunächst zum nassen: Wenn Sand feucht wird, dann wird er erst einmal stabiler und fester – deshalb kann man überhaupt Sandburgen bauen. Ab einer bestimmten Sättigung mit Wasser aber kann der Sand unter gewissen Umständen anfangen, sich wie eine Flüssigkeit zu verhalten – das ist Treibsand.

Unter normalen Umständen sinken die Sandkörner in einem derart gesättigten Schlick auf den Boden. Damit sie in der Schwebe gehalten werden, muss eine Kraft auf sie wirken – das kann etwa im Wasser eine Strömung von unten nach oben sein oder auch ein Vibrieren des ganzen Untergrundes bei einem Erdbeben. Dann kann sich ein gerade noch fester Untergrund plötzlich in eine schwammige Masse verwandeln und ganze Häuser einstürzen lassen.

Wem tatsächlich einmal das Missgeschick passiert, in Treibsand zu geraten (oder auch in frischen Beton zu plumpsen), der muss hauptsächlich Ruhe bewahren. Die «Flüssigkeit» ist nämlich etwa doppelt so dicht wie Wasser und trägt daher den menschlichen Körper sehr gut. Allenfalls panisches Gezappel kann dazu führen, dass man tiefer einsinkt – den gefürchteten «Sog» gibt es nicht. Wer langsame Paddelbewegungen macht und sich auf den Rücken legt, der kann auf dem Treibsand treiben und sich schließlich befreien.

So weit meine Antwort, die ich ursprünglich in der *Zeit*

gegeben habe. Nach der Veröffentlichung bekam ich einen Anruf von Detlef Lohse, einem Physiker von der holländischen Universität Twente. Der hatte mit seinen Kollegen im Labor einen trockenen Treibsand erzeugt: Von unten wurde der Sand mit einem Gebläse aufgelockert. Und selbst nach dem Abstellen des Luftstroms sank ein hineingeworfener Tischtennisball um das Fünffache seines Durchmessers ein, berichteten die Forscher im Magazin *Nature*. Kann ein solcher Sand, der Gegenstände verschluckt, auch in der freien Natur entstehen? Lohse kann sich vorstellen, dass durch Wind Dünen aufgeschichtet werden, in denen der Sand ähnlich locker geschichtet ist wie in seinem Versuchsaufbau. Zweifelsfrei beobachtet wurde ein solcher Treibsand allerdings noch nicht.

In der katholischen Kirche gibt es auch heute noch den Ablass

Stimmt. Den Ablass assoziiert man immer mit dem tiefsten Mittelalter – eine Art «Kuhhandel mit Gott», der von Luther angeprangert wurde. Auch wenn es heute keine listigen Pfaffen mehr gibt, die dem Volk zuerst die Qualen des Fegefeuers drastisch schildern und dann einen Ablassbrief zur Vermeidung der Pein verkaufen: Am Prinzip des Ablasses hält die katholische Kirche weiter fest. Das hat zuletzt Papst Paul VI. in der Apostolischen Konstitution *Indulgentiarum doctrina* im Jahr 1967 bekräftigt, auch Benedikt XVI. hat dieses Instrument eingesetzt. So konnten Gläubige beim Weltjugendtreffen in Köln 2005 einen vollständigen Sündenablass erlangen.

Ablass darf man nicht verwechseln mit der Vergebung der Sünden, die nach der christlichen Lehre nur Gott gewähren kann. Aber auch der Sünder, dem vergeben wurde und der tätige Reue gezeigt hat, muss nach katholischem Glauben noch für seine Taten im Fegefeuer büßen. Dieser Strafe kann man entgehen – auch heute noch durch Geldspenden an karitative Organisationen, durch soziales Engagement oder Pilgerfahrten. In früheren Jahrhunderten wurde der Ablass oft in Tagen bemessen. Gemeint waren Tage der Buße, aber viele Sünder glaubten tatsächlich, dann entsprechend weniger Tage im Vorhof der Hölle schmoren zu müssen.

Der Ablass ist also nicht «heilsnotwendig», wie Paul VI. sagte, aber er kann das Leben nach dem Tod kolossal erleichtern. Eine gute Gelegenheit dazu ist etwa der österliche Urbi-et-orbi-Segen des Papstes. Die Teilnahme kann zum Totalablass führen und ist auch per Radio oder Fernsehen möglich. Aber natürlich nur, wenn der Sünder seine Taten ehrlich bereut und auch ansonsten ein gottgefälliges Leben lebt.

Deutschlands Elektrogeräte verbrauchen im Stand-by-Betrieb so viel Strom, wie ein normales Kernkraftwerk produziert

Stimmt. Wenn man des Nachts durch die dunkle Wohnung geht und all die roten, grünen und gelben Leuchtdioden glimmen sieht, dann weiß man: Die Elektrogeräte schlafen nicht, sie dösen nur vor sich hin und warten darauf, benutzt zu werden. Das kostet Strom, und kaum ein Benutzer weiß, wie viel. Der individuelle Verbrauch einzelner Geräte wird ja auf der Stromrechnung nicht ausgewiesen.

«Leerlaufverluste» nennt man diese verschwendeten Kilowattstunden in der Fachsprache, und oberster Experte dafür ist Christoph Mordziol vom Umweltbundesamt. Er beziffert die jährlichen Stand-by-Verluste in Deutschland auf über 20 Milliarden Kilowattstunden – die kosten 3,5 Milliarden Euro und entsprechen dem Eineinhalbfachen des Stromverbrauchs von Berlin. In AKWs ausgedrückt: Für diese Energiemenge müssen sogar zwei große Kernkraftwerke rund um die Uhr laufen.

Große Hoffnung, diese Verschwendung zu stoppen, gibt es aber kaum. Bei vielen Geräten gehört die ständige Bereitschaft ja zum Komfort: Beim Anrufbeantworter macht sie sogar das Wesen aus. In der Rechnung des Umweltbundesamts tauchen auch Warmwasserboiler auf – und wer möchte schon auf den Komfort verzichten, sich zu jeder Tages- und Nachtzeit eine heiße Dusche genehmigen zu können? Ein realistisches Sparziel wird sein, den Stand-by-Verbrauch der Geräte zu senken. Da ist schon einiges geschehen, etwa bei den Fernsehgeräten. Es gibt auch spezielle Vorschaltkästchen, die den Geräten nach längerer Untätigkeit den Saft abstellen. Aber weil wir uns immer neue Elektrogeräte ohne Aus-Knopf zulegen, steigen die Leerlaufverluste in Deutschland sogar noch.

Die «Motorbremse» ist ein Spritfresser

Stimmt nicht. «Motorbremse» nennt man es, wenn der Autofahrer beim Bremsen Zug um Zug in einen niedrigeren Gang schaltet, um die Verzögerungswirkung durch den Widerstand des Motors auszunutzen. Früher hieß es, das sei unter ökologischen Gesichtspunkten eine Schweinerei, spritsparender und umweltfreundlicher sei es, etwa beim Heranfahren an eine rote Ampel auszukuppeln und sich allein auf die Wirkung der Bremse zu verlassen.

Aber dieses Urteil stammt aus der Zeit, als die Autos noch Vergasermotoren hatten. Die saugten nämlich bei hoher Drehzahl viel Benzin an, und damals war es tatsächlich günstiger, frühzeitig auszukuppeln. Heute haben alle Motoren eine Benzineinspritzung und verfügen meist über eine elektronisch gesteuerte so genannte Schubabschaltung: Wenn man den Fuß vom Gas nimmt, nicht auskuppelt und die Drehzahl über einem Wert von etwa 1500 (beim Diesel: 900) Umdrehungen pro Minute liegt, dann merkt diese elektronische Regelung, dass man nicht beschleunigen will, und kappt die Kraftstoffzufuhr – der Verbrauch ist gleich null. Das ist noch weniger als im Leerlauf, bei dem der Motor ja weiterhin Benzin bekommt. Deshalb sollte man sich beim Bremsen vom Motor unterstützen lassen. Der ökobewusste Spritsparer schaltet dabei sogar gleich zwei Gänge herunter. Dann röhrt vielleicht der Motor ein bisschen, aber er macht das sozusagen auf dem Trockenen. Und die Bremsbeläge nutzen sich bei dieser Fahrweise auch nicht so schnell ab.

Silbergeschirr hat eine antibakterielle Wirkung

Stimmt. Seit der Zeit der alten Perser kennt man silberbeschichtete Trinkgefäße, und die Pioniere in den USA legten bisweilen eine Silbermünze in ihre Milchkannen – die Milch hielt sich länger.

Erst die moderne Wissenschaft kann diese Wirkung erklären. Silberionen verbinden sich mit gewissen Proteinen, erläutert Michael Wagener vom Fraunhofer-Institut für Fertigungstechnik und Angewandte Materialforschung in Bremen, und verändern deren Geometrie, sodass sie nicht mehr wirksam sind. Bakterien tragen diese Proteine außen, menschliche Zellen dagegen innen. So gibt es eine Dosierung, in der das Silber Keime tötet, für unsere Gesundheit dagegen unbedenklich ist.

Bei Silberbesteck kommt diese Wirkung wohl kaum zum Tragen – in der kurzen Zeit, in der man das Essen mit der Gabel zum Mund führt, gibt das Besteck bestimmt nicht genügend Ionen ab, um eventuelle Bazillen zu vernichten. Bei Gefäßen dagegen ist die Wirkung durchaus relevant.

Die antibakterielle Wirkung von Silber wird auch in neuen High-Tech-Materialien genutzt, etwa bei Implantaten und chirurgischen Geräten. Diese sind nicht komplett mit Silber beschichtet, sondern bestehen aus Polymeren, die mit Nanopartikeln aus Silber durchsetzt sind und so gegen Bakterien wirken.

Es ist unmöglich, ein Stück Papier beliebiger Größe mehr als siebenmal in der Mitte zu falten

Stimmt nicht. Haben Sie es einmal mit einer Doppelseite einer großformatigen Tages- oder Wochenzeitung probiert? Zugegeben, die achte Faltung sieht nicht mehr sehr ansehnlich aus, aber mit etwas Phantasie ...

Warum wird das Falten nach einiger Zeit so schwierig? Manchmal denkt man, mit etwas mehr Kraft könnte man die Faltkanten besser flach drücken, aber das ist ein Irrtum – das würde höchstens dazu führen, dass das Papier reißt.

Gehen wir das Problem von der theoretischen Seite an. Wir können ruhig annehmen, dass wir einen langen Streifen Papier immer in derselben Richtung falten. Der Stapel wird beim Falten sehr schnell sehr dick: beim achten Mal schon 17 Millimeter. Vor allem aber verbrauchen die Faltkanten ungeahnte Mengen Papier. Wenn man annimmt, dass die Papierlagen immer schön halbkreisförmig dicht umeinander liegen, dann kann man das mit ein bisschen elementarer Mathematik berechnen. Die amerikanische High-School-Schülerin Britney Gallivan hat das getan und die minimale Länge L des Papierstreifens in Abhängigkeit von der Dicke d des Papiers berechnet. Die Formel:

$$L = \pi/6 \times d \times (2^n + 4) \times (2^n - 1)$$

Das führt sehr schnell zu großen Zahlen – aber es ist nicht einzusehen, warum es eine grundsätzliche Schranke geben sollte. Um Zeitungspapier zehnmal zu falten, muss der Streifen nach dieser Formel mindestens 36 Meter lang sein. Die Schülerin hat übrigens persönlich eine zwölffache Faltung realisiert.

ICH HAB'S GERN 20-LAGIG. DAZU FALTE ICH EINLAGIGES KLOPAPIER 10 MAL BEI EINER LÄNGE VON 36 METERN.

Die Idee von der «Religion als Opium des Volkes» stammt von Karl Marx

Stimmt nicht. Marx schrieb 1844 in der Kritik der Hegel'schen Rechtsphilosophie: «Die Religion ist der Seufzer der bedrängten Kreatur, das Gemüt einer herzlosen Welt, wie sie der Geist geistloser Zustände ist. Sie ist das Opium des Volkes.» Das Volk berauscht sich also selbst und bekommt das Gift nicht verabreicht, wie es die manchmal zitierte Wendung «Opium für das Volk» suggeriert.

Und tatsächlich stammt die Idee von der Religion als Rauschdroge nicht von Marx selbst. Der Revolutionär war gut mit Heinrich Heine befreundet. Die beiden lernten sich 1843 kennen. Man kann daher davon ausgehen, dass Marx Heines *Denkschrift für Ludwig Börne* gut kannte, die im Jahr 1840 veröffentlicht wurde.

Und darin heißt es sarkastisch: «Heil einer Religion, die dem leidenden Menschengeschlecht in den bittern Kelch einige süße, einschläfernde Tropfen goss, geistiges Opium, einige Tropfen Liebe, Hoffnung und Glauben!» Marx hat Heines Gedanken also aufgegriffen und noch einmal polemisch zugespitzt.

Aber auch Heine und Börne waren nicht die Ersten, die das damals populäre Heil- und Rauschmittel Opium mit der Religion in Verbindung brachten. Der Dichter Novalis schrieb 1798 in seiner Abhandlung *Blütenstaub* über das Wesen der Philister: «Ihre sogenannte Religion wirkt blos, wie ein Opiat: reizend, betäubend, Schmerzen aus Schwäche stillend. Ihre Früh- und Abendgebete sind ihnen, wie Frühstück und Abendbrot, nothwendig. Sie können's nicht mehr lassen.»

WER IST ES ?
ZEUGEN JEHOVAS!
SAG IHNEN, BEI MARX STEHT: RELIGION IST DAS OPIUM DES VOLKES UND NICHT FÜRS VOLK. DAS HEISST, WIR HABEN SCHON.
OK!

Angebrochene Sonnencremes vom vergangenen Jahr soll man nicht mehr benutzen, weil sie keinen Schutz mehr bieten

Stimmt nicht. Bei Kosmetika sind die gesetzlichen Regelungen zur Kennzeichnung relativ lax: Nur wenn sich Cremes und Lotionen nach der Herstellung weniger als 30 Monate in der ungeöffneten Tube halten, muss das vermerkt werden, ansonsten müssen die Packungen weder ein Haltbarkeits- noch ein Herstellungsdatum tragen, auch wenn Verbraucherverbände das seit Jahren fordern. Der Verbraucher kann also nicht ohne weiteres beurteilen, ob die zweieinhalb Jahre Mindesthaltbarkeitsdauer schon abgelaufen sind.

Es muss aber niemand Angst haben, dass der Lichtschutz in einem Jahr rapide nachlässt. Es gibt zwei Sorten von Substanzen, die vor der schädlichen Wirkung der UV-Strahlen schützen: Beim physikalischen Schutz reflektieren winzige Partikel die Strahlen; beim chemischen Schutz nehmen Moleküle die Energie der Strahlung in sich auf und geben sie als unschädliche Wärmestrahlung wieder ab. Beide Arten von Sonnenschutz sind chemisch recht stabil.

Wenn die Packung einmal geöffnet wurde, sinkt grundsätzlich die Haltbarkeit. Die Mittel werden ja nicht in einer klinisch sauberen Umgebung angewandt, und es können zum Beispiel Bakterien eindringen und die Cremes zersetzen. «Eine normale Kontamination mit Sand und Badewasser sollten die Substanzen aber aushalten», sagt Heiner Gers-Barlag von der Firma Beiersdorf. Faustregel: Eine angebrochene Sonnencreme, die noch einen passablen Eindruck macht – also nicht ranzig riecht und ihre ursprüngliche Konsistenz hat –, kann man ohne Bedenken auch noch nach einem Jahr benutzen.

Im Sommer die Uhr um eine Stunde zu verstellen spart Energie

Stimmt nicht. Der englische Begriff bringt den Effekt der Sommerzeit auf den Punkt: *Daylight Savings Time* heißt übersetzt «Tageslichtsparzeit» und nicht «Energiesparzeit» – und vom Tageslicht haben die meisten Menschen ja tatsächlich mehr, wenn die Uhren auf Sommerzeit gestellt werden und damit der gesamte Tag um eine Stunde nach hinten verschoben wird.

Nach der Ölkrise der siebziger Jahre wurde 1980 die Sommerzeit eingeführt in der Hoffnung, dadurch Energie einsparen zu können. Inzwischen ist dieser vermeintliche Energiespareffekt in mehreren Studien untersucht worden, und die sind sich einig: Wenn es eine Auswirkung gibt, dann ist sie winzig. Manche errechnen einen kleinen Spareffekt, andere kommen auf einen ebenso unbedeutenden Mehrverbrauch. Zusammenfassend kann man sagen: Es wird wohl tatsächlich weniger Strom für elektrisches Licht verbraucht. Aber da nur etwa zehn Prozent unseres Stroms für die Beleuchtung verwendet werden, sind das Einsparungen von Bruchteilen Prozent – die Energieversorger sagen jedenfalls, dass sie keinen Unterschied messen können. Mehr Energie wird dadurch verbraucht, dass es im Frühling und im Herbst morgens noch ganz schön kalt sein kann und durch die Verschiebung höhere Heizkosten entstehen. Und an den langen Abenden fahren die Menschen offenbar vermehrt ins Grüne und verbrauchen dadurch mehr Benzin.

Das einzige Argument für die Beibehaltung der Sommerzeit ist wirklich, dass es länger hell bleibt. Und das wiegt offenbar schwerer als die Probleme, die ein Teil der Menschheit mit der Zeitumstellung hat.

Achtlos weggeworfene Flaschen oder Glasscherben können zu Waldbränden führen, weil sie wie ein Brennglas das Sonnenlicht bündeln

Stimmt nicht. Zwar wird in vielen Merkblättern vor dieser Gefahr gewarnt, trotzdem halte ich die Befürchtung für übertrieben, auch wenn ich mir mit meinem Urteil böse Leserbriefe einhandelte, in denen ich als Quasi-Brandstifter beschimpft wurde.

Damit sich trockene Blätter oder Gräser entzünden, braucht man eine Temperatur von weit über 200 Grad. Mit einer Lupe oder auch einer Glaskugel kann man das Sonnenlicht tatsächlich so stark bündeln, dass eine Flamme entsteht. Aber mit der Glasscherbe einer Flasche?

Damit Glas das Sonnenlicht bündelt, muss es eine bikonvexe (nach beiden Seiten gewölbte) Form haben. Schon 1933 machten Mitarbeiter des *Forstwissenschaftlichen Centralblatts* systematische Versuche mit vollen und leeren Bierflaschen. Das Ergebnis: Am ehesten hat der Flaschenboden die erforderliche Form. Mit den untersuchten Bierflaschenböden gelang es allerdings nicht, eine Temperatur zu erzeugen, die höher war als in der Umgebung.

Nun könnte man einwenden, dass das Glas von Bierflaschen ja auch getönt ist. Ich fand glücklicherweise einen Experten, der eigens für meine Kolumne noch einmal eine entsprechende Versuchsreihe durchführte. Klaus-Peter Wittich von der Braunschweiger Außenstelle des Deutschen Wetterdienstes versuchte, trockene Fichtennadeln einmal mit einer Lupe und das andere Mal mit einem Flaschenboden aus klarem Glas zu entzünden. Während unter der Lupe die Nadeln schon nach wenigen Sekunden zu kokeln begannen, konnte er selbst unter optimalen Bedingungen in dem Lichtfleck, den der Flaschenboden erzeugt, keine Temperatur von über 80 Grad messen. Selbst wenn man von hochsommerlichen Temperaturen und Sonnenständen ausgeht, ist es nach menschlichem Ermessen unmöglich, mit einer Flaschenscherbe ein Feuer zu entzünden.

Dieser «Brennglaseffekt» gehört also wohl ins Reich der Mythen. Was natürlich nicht heißt, dass man nun seine leeren Flaschen einfach im Wald liegen lassen sollte.

Das Quaken einer Ente erzeugt kein Echo

Stimmt nicht. Hier handelt es sich wieder einmal um eine der viel zitierten «Wahrheiten» aus Kettenbriefen und Internet-Seiten, gerne auch mit *Nutzloses Wissen* überschrieben – eine Pest!

Aber es gibt Wissenschaftler, die sich auch der abstrusesten Legenden annehmen. Dazu gehört Trevor Cox von der britischen University of Salford. Er steckte 2003 tatsächlich eine Ente namens Daisy zunächst in eine schalltote Kammer und nahm dort ihr Quaken auf. Als Nächstes wurde Daisy in eine so genannte Hallkammer gesetzt – ihr Quaken klang nach wie jeder andere Schall auch. Und schließlich manipulierte der Forscher den Klang von Daisys Stimme noch elektronisch, um damit verschiedene Arten von Hall und Echo zu simulieren: Entenquaken in einer Konzerthalle oder beim Vorbeiflug an einer Felswand. Und selbstverständlich produzierte das Entenquaken ein Echo wie jeder andere Schall auch.

Allerdings ist das typische Quaken einer Ente ein Geräusch, das nicht abrupt abbricht, sondern eher sanft ausläuft. Solche Töne pflegen mit ihrem Echo zu «verschmelzen», sodass es nicht leicht ist, zwei separate Töne wahrzunehmen. Außerdem quaken Enten nicht sehr laut, sodass das Echo überhaupt kaum hörbar ist. Das sind mögliche Erklärungen für den Ursprung des Gerüchts – wenn sich nicht jemand die «erstaunliche Wahrheit» einfach ausgedacht hat.

Es gibt je nach Land verschiedene Bezugspunkte zur Berechnung des Meeresspiegels

Stimmt. 2004 ging die Meldung durch Presse und Fernsehen: Beim Brückenbau über den Hochrhein zwischen Deutschland und der Schweiz bei Laufenburg hatten das Schweizer und das deutsche Team sich über der Rheinmitte verfehlt. Der Grund: Die Schweizer Ingenieure beziehen sich bei der Berechnung der Meereshöhe auf das Mittelmeer, die deutschen auf die Nordsee. Und das führte tatsächlich zu einem Unterschied von 27 Zentimetern.

Dass die Erde keine Scheibe ist, hat sich weitgehend herumgesprochen. Die meisten wissen auch, dass unser Globus keine Kugel ist, sondern durch die Rotation zu einem Ellipsoid abgeflacht ist – der Abstand zwischen Nord- und Südpol ist um etwa 0,3 Prozent kürzer als der Durchmesser am Äquator. Aber auch die Ellipsoidform ist nicht exakt: Selbst wenn die ganze Erde mit Wasser bedeckt wäre, man die Gezeitenkräfte vernachlässigen könnte und der Ozean völlig still wäre, ergäbe sich kein sauberes Ellipsoid, sondern eine kartoffelartige Gestalt mit Beulen und Tälern von bis zu 100 Meter Höhe oder Tiefe, die als Geoid bezeichnet wird. Der Grund dafür sind Schwankungen in der Gravitation – die Masse der Erde ist nicht gleichmäßig verteilt.

Für die Berechnung der Höhe über dem Meeresspiegel wird die Form des Globus aber meistens noch zu einem Ellipsoid idealisiert, bezogen auf einen Punkt auf dieser Kartoffel-Oberfläche. Diese Referenzpunkte sind historisch irgendwann einmal festgelegt worden, weil die Meereshöhe nicht nur zwischen Ebbe und Flut schwankt, sondern auch längerfristig. Deutsche Vermesser beziehen sich auf einen Punkt bei Hoppegarten östlich von Berlin, dessen Höhe einmal mit 54,638 Metern festge-

SOUVENIRS
DEUTSCHLAND
SCHWEIZ
SOUVENIRS
AM BESTEN GEHEN SOUVENIRS RUND UM DAS FEHLGESCHLAGENE BRÜCKENPROJEKT.

legt wurde, die Schweizer auf einen Pegel in Marseille und die Österreicher auf eine Marke in Triest. Es gibt also tatsächlich verschiedene Meeresspiegel, und es ergeben sich für einen Ort an der deutsch-schweizerischen Grenze unterschiedliche Werte, je nachdem, auf welchen Pegel man sich bezieht.

Die Panne von Laufenburg entstand übrigens nicht, weil den Brückenbauern dieser Unterschied nicht bekannt gewesen wäre. Sie haben ihn nur in die falsche Richtung korrigiert, sodass sich eine Abweichung von 54 Zentimetern ergab.

Relativ gut geben übrigens GPS-Geräte die tatsächliche Höhe über dem Meeresspiegel an. Sie benutzen zwar auch zunächst ein Ellipsoid als Berechnungsgrundlage, verfügen aber meist noch über eine Art Kontrolltabelle mit Daten über das tatsächliche Geoid. Auf dem Meer sollte ihre Höhenangabe also ziemlich wenig von null abweichen.

Die Ägypter bauten die großen Pyramiden, ohne das Rad zu kennen

Stimmt. Darüber, wie die alten Ägypter in der Zeit der 4. Dynastie (2604 bis 2511 vor Christus) die großen Pyramiden gebaut haben, ist erstaunlich wenig bekannt. Insbesondere rätselt die Wissenschaft immer noch, wie die tonnenschweren Steinquader in mehr als hundert Meter Höhe geschafft wurden. Es gibt keine Funde von Werkzeugen, Transportgeräten und Rampen. Auch die bildlichen Darstellungen vom Pyramidenbau stammen aus jüngeren Epochen, in denen längst keine Monumentalbauten mehr errichtet wurden.

Aber es gilt als gesichert, dass beim Bau keine Wagen mit Rädern verwendet wurden, sondern hölzerne Schlitten. Allenfalls Rundhölzer, die als Rollen unter die Schlitten gelegt wurden, halten manche Ägyptologen für möglich. Die erste bildliche Darstellung eines Rades stammt aus der 6. Dynastie (2347 bis 2216 vor Christus), das Bild zeigt eine Sturmleiter mit Scheibenrädern. Richtige Wagen mit Speichenrädern sind noch jüngeren Datums.

Die Wissenschaftler gehen davon aus, dass die Ägypter das Rad nicht selbst erfunden, sondern sozusagen importiert haben. In Mesopotamien etwa war es schon 2000 Jahre vorher in Gebrauch. Das heißt nicht unbedingt, dass die Bewohner des Landes am Nil zu «dumm» dafür gewesen sind – in der Frühzeit der ägyptischen Zivilisation bestand vielleicht einfach kein Bedarf an Rädern. Hauptverkehrsmittel in dem schmalen Land waren Boote und Schiffe. Und für den Transport der Pyramidensteine wären Wagen wohl kaum geeignet gewesen – die wären wahrscheinlich im sandigen Boden stecken geblieben.

SORRY! ALLE GERÄTE ZUM TRANSPORT TONNENSCHWERER STEINQUADER SIND VERLIEHEN.
PYRAMIDEN-BEDARF VERLEIH

Im Moment des Todes wird der Mensch um 21 Gramm leichter

Stimmt nicht. Im Jahr 2003 kam der Film *21 Gramm* heraus – eine Anspielung auf Versuche, die der amerikanische Arzt Duncan MacDougall aus Havenhill im US-Staat Massachusetts im Jahr 1907 durchführte (der Film hat außer dem Titel mit der Geschichte nichts zu tun). MacDougall war davon überzeugt, dass die menschliche Seele eine materielle Substanz hat, die folglich im Augenblick des Todes den Körper gen Himmel, Hölle oder Fegefeuer verlässt. Um das zu beweisen, stellte er ein Bett auf vier Waagen, suchte sich sechs Patienten, die an einer schweren Krankheit wie Tuberkulose oder Diabetes im Endstadium litten, und maß dann das Gewicht vor und nach dem Ableben der Probanden. Bei einem der Sterbenden stellte er tatsächlich einen Gewichtsverlust von einer Dreiviertelunze im Moment des Todes fest – und das sind ziemlich genau 21 Gramm.

Doch die Ergebnisse variierten von Patient zu Patient, und die Messgenauigkeit war viel zu schlecht. Trotzdem hielt der Arzt an seinen Ideen fest, machte Experimente mit 15 Hunden, und seine Geschichte schaffte es bis in die *New York Times* und das Fachblatt *American Medicine*. Ein paar Jahre später wurde berichtet, dass der Arzt nun sogar versuche, die Seele zu fotografieren. Sie strahle ein Licht ab, das an den «interstellaren Äther» erinnere. Offenbar hatte sich Einsteins Relativitätstheorie noch nicht bis zu ihm herumgesprochen, die 1905 ein für alle Mal mit der Vorstellung des Äthers aufräumte. Heute werden MacDougalls Versuche nur noch als makabres Werk eines sektiererischen Spinners angesehen.

HAHAHA! DU STELLST DAS BETT AUF VIER WAAGEN, UM FESTZUSTELLEN, OB DER KÖRPER LEICHTER WIRD, WENN IHN DIE SEELE VERLÄSST!?
LABOR
HAHAHA! DA REICHT DOCH EINE WAAGE.

Man kann durch Fastenkuren den Körper entschlacken

Stimmt nicht. Schlacke ist laut Duden ein «Rückstand beim Verbrennen, bes. von Koks» – und so etwas liegt im menschlichen Körper nicht herum. Auch die anderen Abfallprodukte und Giftstoffe, die bei unserem Stoffwechsel übrig bleiben, werden gewöhnlich zuverlässig von Niere und Darm abtransportiert. Und es gibt keinerlei Anzeichen dafür, dass man etwa durch Fasten zusätzliche Schadstoffe aus dem Körper ausscheiden könnte. «Der Begriff ‹Entschlackung› ist eine Metapher und hat keine ernährungswissenschaftliche Grundlage», sagt zum Beispiel Klaudia Pütz von der Gesellschaft für Ernährungsmedizin und Diätetik.

Über den Sinn von Fastenkuren soll an dieser Stelle nicht diskutiert werden – Ernährungswissenschaftler warnen immer wieder vor den Gefahren der absoluten Nulldiät. Deren Beliebtheit lässt sich unter anderem dadurch erklären, dass der aufgrund des Nahrungsentzugs in Panik geratene Körper verstärkt Endorphine ausschüttet, die durchaus berauschend wirken können. Und weil der Stoffwechsel aus dem Gleichgewicht gerät und der Körper übersäuert, riechen auch die Ausdünstungen anders. Fastende neigen zum Stinken – und vielleicht halten sie das für den Geruch der «Schlacken», deren sich der Körper angeblich entledigt.

Im alten China wurden die Ärzte nur bezahlt, solange der Patient gesund war

Stimmt nicht. «Seit 30 Jahren werde ich mit diesem Mythos konfrontiert», sagt Paul Unschuld, Sinologe und Medizinhistoriker an der Universität München, ein ausgewiesener Kenner der traditionellen chinesischen Medizin.

Das Klischee, das die Andersartigkeit und Sanftheit der östlichen Medizin belegen soll, hat jedoch keine historische Grundlage. Wohl gab es lange Zeit einen von den Konfuzianern vorgetragenen Streit in China, ob Heiler überhaupt Geld für ihre Dienste nehmen dürften. Aber wenn sie bezahlt wurden, dann ganz analog zu anderen Dienstleistungen. Ärzte waren in China vom 12. Jahrhundert an in der Regel nicht selbständig, sondern Angestellte der Apotheker und wurden auch von diesen bezahlt. Oder sie zogen über Land, boten ihre Diagnose kostenlos an und bezogen ihr Einkommen aus dem Verkauf mitgebrachter Arzneien. Es gab auch Ärzte, die in eigenen Praxen Patienten behandelten. Die Bezahlung hing davon ab, ob der Kranke Nachbar oder Fremder war und ob der Arzt den Lohn als Lebensunterhalt benötigte. Aber eine regelmäßige Bezahlung durch gesunde Patienten, die nur bei Krankheit ausgesetzt wurde, gab es nicht. Ebenso irrig ist die Vorstellung, der chinesische Arzt sei früher nur dann bezahlt worden, wenn seine Behandlung erfolgreich war.

Überhaupt wehrt sich der Medizinhistoriker Unschuld gegen die weit verbreitete Ansicht, dass in Asien ein besserer medizinischer Ethos herrsche als etwa in Europa. «Ich wundere mich über die Vorstellung, dass irgendwo hinter dem Ural eine Moralscheide existieren soll, hinter der die Menschen besser sind.»

Halogen-Glühlampen darf man beim Einsetzen nicht mit den Fingern berühren

Stimmt. Die Warnung gilt sowohl für die Birnchen von Autoscheinwerfern als auch für die hellen Strahler im Haus, allerdings nicht für normale Glühbirnen. Der Grund dafür ist das Glas, aus dem die Glühlampen gefertigt sind, erläutert Markus Rademacher von der Firma Osram. Im Gegensatz zu herkömmlichen Birnen bestehen die Halogenlämpchen nämlich aus reinem Quarzglas, und das ist besonders anfällig. Schädlich für die Birnen ist beim Anfassen nicht das Fett, das sich auf der Haut befindet, sondern der Schweiß, genauer gesagt die Alkali-Verbindungen, die in ihm enthalten sind – unter anderem gewöhnliches Kochsalz. Diese Stoffe können sich beim Betrieb der Lampe regelrecht ins Glas einbrennen. Die Folge sind Verunreinigungen, die sich als Schlieren und Flecken bemerkbar machen. Das ist im Haushalt nicht weiter schlimm, aber bei den exakt eingestellten Autoscheinwerfern kann es die Leuchtkraft durchaus beeinträchtigen. Eine lebensgefährliche Explosion muss man aber nicht befürchten: Dass die Halogenlämpchen, die an der Oberfläche bis zu 600 Grad heiß werden und einen Innendruck von etwa 20 Bar aushalten müssen, wegen der Verunreinigung platzen, bezeichnet Rademacher als einen «Extremfall».

OBEN
EIN BILD AUS GLÜCKLICHEREN TAGEN, WENN HASSO MIR EINE GLÜHBIRNE BRACHTE. BEI DEN HALOGEN-GLÜHLAMPEN VON HEUTE DARF MAN DAS GLAS NICHT BERÜHREN.

In Äquatornähe wird es nach Sonnenuntergang schlagartig dunkel

Stimmt nicht. Zwar ist es richtig ist, dass die Dämmerung in Äquatornähe kürzer ist als bei uns. Dass es «schlagartig» dunkel würde, davon kann aber keine Rede sein – die Dämmerung ist immer noch etwa zwei Drittel so lang wie bei uns im Frühling. Und der Grund dafür ist auch nicht, wie man oft lesen kann, dass sich die Erde am Äquator schneller dreht als in höheren Breiten.

Als «bürgerliche Dämmerung» bezeichnen die Astronomen die Zeit zwischen Sonnenuntergang (der Mittelpunkt der Sonnenscheibe liegt genau auf dem Horizont) und dem Zeitpunkt, an dem sich die Sonne sechs Grad unter dem Horizont befindet – ungefähr so lange kann der Bürger noch ohne Hilfsbeleuchtung Zeitung lesen. Diese bürgerliche Dämmerung wird gefolgt von der nautischen (Sonne zwischen 6 und 12 Grad unter dem Horizont, Sterne sind sichtbar) und der astronomischen (zwischen 12 und 18 Grad). Am Äquator geht die Sonne immer senkrecht unter, bei uns bildet die scheinbare Sonnenbahn stets denselben Winkel von etwa 40 Grad mit dem Horizont. Bei dieser flachen Bahn dauert es länger, bis die Sonne den entsprechenden Abstand gewonnen hat. Je nach Jahreszeit beträgt die bürgerliche Dämmerungszeit bei uns zwischen 32 und 45 Minuten. Am Äquator schwankt sie zwischen 21 und 23 Minuten.

Richtig lang wird die Dämmerung, wenn man sich den Polen nähert. In den berühmten «weißen Nächten» in St. Petersburg, in denen es gar nicht richtig finster wird, dämmert es mehr als eineinhalb Stunden lang. Am Nord- und Südpol schließlich ist jeweils ein halbes Jahr lang Tag und Nacht, und die Dämmerung dazwischen dauert etwa eine Woche.

Verschluckte Haare werden nicht verdaut und können im Magen Knäuel bilden

Stimmt. Haare sind tatsächlich unverdaulich – die Magensäure kann ihnen nichts anhaben, außer dass sie sie einheitlich schwarz färbt, wie Chirurgen berichten. Normalerweise werden unverdauliche Dinge, die in den Verdauungstrakt gelangen, wieder ausgeschieden. Wenn Menschen jedoch häufig größere Mengen Haare verzehren (man nennt diese seltsame Angewohnheit Trichophagie), dann können sich so genannte Trichobezoare bilden – Haarknäuel, die eine beängstigende Größe erreichen können und manchmal den gesamten Magen ausfüllen. Wenn ein Teil davon es durch den Magenausgang bis in den Darm geschafft hat, spricht man auch vom Rapunzelsyndrom. Sage noch einer, die Medizin bediene sich keiner bilderreichen Sprache!

Allerdings handelt es sich hier um sehr exotische Einzelfälle. Das Rapunzelsyndrom ist in der Literatur gerade ein Dutzend Mal dokumentiert. Die Trichophagie tritt vor allem bei weiblichen Teenagern auf, oft verbunden mit der Trichotillomanie, dem zwanghaften Ausreißen von Haaren. Die Haarbälle können bis zu 1,5 Kilo schwer werden, dann hilft nur noch eine operative Entfernung. Und es ist auch schon zu Todesfällen durch den Verschluss des Verdauungstrakts gekommen.

Bei hohen Temperaturen soll man lieber warme Getränke zu sich nehmen als kalte

Stimmt. Die Hauptfunktion des Trinkens bei heißem Wetter ist der Ausgleich des Flüssigkeitsverlusts und nicht die Kühlung. Die ist schon allein rechnerisch wenig bedeutsam: Selbst ein ganzer Liter kaltes Wasser bewirkt, auf den ganzen Körper gerechnet, nur eine Kühlung von einem halben Grad. Außerdem können eiskalte Getränke den Magen schocken und zu Beschwerden führen.

Ein viel besseres Mittel zur Temperaturregulierung ist das Schwitzen. Um diese Verdunstungskühlmaschine zu stimulieren, ist die aus Ländern mit heißem Klima bekannte Gewohnheit, warme (nicht heiße!) Getränke in stetigen, aber kleinen Schlucken zu trinken, ein durchaus sinnvolles Mittel: Die Temperaturfühler im Körperinnern bekommen ein zusätzliches Hitzesignal, und das führt zu einem ständigen leichten Schwitzen, aber nicht zu sturzbachartigen Schweißausbrüchen.

Erwachsene sollten an heißen Tagen mindestens 1,5 bis 2 Liter trinken, bei starkem Schwitzen entsprechend mehr. Und dabei sollte man möglichst auf zu viel Zucker, Koffein und Alkohol in den Getränken verzichten.

Wenn man einen Frosch in kochendes Wasser wirft, dann versucht er zu entkommen. Setzt man ihn in lauwarmes Wasser und erhöht langsam die Temperatur, dann lässt er sich bei lebendigem Leibe kochen, ohne zu fliehen

Stimmt nicht. Die Geschichte ist eine der beliebten «Weisheiten», die auf Managementseminaren verbreitet werden. Der Tenor: Wir nehmen langsame Veränderungen zum Schlechteren nicht wahr. Auch Greenpeace hat mit dem gekochten Frosch bereits geworben. Vielleicht hätten die Naturschützer sich besser erst einmal bei einem Biologen kundig gemacht.

Ich habe nach längerem Suchen tatsächlich einen Zoologen gefunden, der schon einmal im Dienst der Wissenschaft Frösche erhitzt hat: Victor Hutchinson von der amerikanischen University of Oklahoma. Die Amphibien wurden in einen Topf mit Wasser gesetzt, dessen Temperatur pro Minute um ein Grad erhöht wurde. «Wenn die Temperatur steigt, wird der Frosch immer aktiver bei dem Versuch, dem erhitzten Wasser zu entkommen», schreibt Hutchinson. Irgendwann zeigt das Tier dann Zeichen von Hitzestress, und es kommt zu muskulären Spasmen. Diesen Punkt, der schon bei einer Temperatur von unter 40 Grad erreicht werden kann, nennt man auch das «kritische thermale Maximum» – wird das Wasser noch wärmer, dann kommt es zur Hitzestarre und zum Tod.

Für Organisationen und Völker mag also gelten, dass sie eine kontinuierliche Verschlechterung ihrer Situation hinnehmen, ohne mit der Wimper zu zucken – bei Tieren lassen sich die Sensoren nicht so leicht täuschen.

Alle heute lebenden Goldhamster stammen von wenigen Exemplaren ab, die 1930 ein Forscher aus Syrien mitgebracht hat

Stimmt. Als eigenständige Spezies wurde der Goldhamster erstmals 1839 von dem britischen Zoologen George Robert Waterhouse beschrieben. Sein Beleg war das recht schäbige Fell eines verstorbenen Weibchens. Später wurden die putzigen Tiere noch ein paar Mal nach Großbritannien exportiert, aber bis 1920 waren alle bekannten Exemplare gestorben.

Im Jahr 1930 suchte der Parasitologe Saul Alder von der Hebrew University in Jerusalem nach Hamstern als Versuchstieren für seine medizinischen Forschungen. Er bat einen Kollegen, den Biologen Israel Aharoni, ihm einige Exemplare aus Syrien mitzubringen, wo die ersten Goldhamster gefunden worden waren. Aharoni gelang es mit Hilfe einheimischer Bauern, in zweieinhalb Meter Tiefe ein Nest mit einer Hamstermutter und elf Jungen auszugraben. Die Mutter biss sofort eines ihrer Kinder tot (um ihm das Leben als Versuchstier zu ersparen, notierte Aharoni) und wurde eingeschläfert, bevor sie dasselbe mit den anderen Jungen tun konnte. Vom Rest des Wurfs entkamen beim Transport alle Tiere bis auf vier – drei Männchen und ein Weibchen. In Jerusalem gelang es, binnen eines Jahres daraus 150 Goldhamster zu züchten. Bald schon wurden sie nach England und in die USA exportiert. In Deutschland kam der erste Goldhamster 1945 an, heute leben bei uns etwa eine Million.

Es stimmt also, dass sämtliche Goldhamster von vier Tieren abstammen – zumindest fast alle. In der Folge wurden nämlich noch ein paar Mal wilde Goldhamster in Syrien gefangen, und es ist nicht auszuschließen, dass sich einige davon in Gefangenschaft vermehrt haben.

Die Amerikaner haben im Zweiten Weltkrieg und im Kalten Krieg Kartoffelkäfer als Biowaffe eingesetzt

Stimmt nicht. Die Beschuldigung, der Gegner würde Kartoffelkäfer als biologisches Kampfmittel einsetzen, wurde während des Zweiten Weltkriegs und danach mehrmals erhoben: Die Nazis behaupteten das von den Alliierten, die Engländer von den Deutschen, und in der Frühzeit der DDR gab es eine Plakatkampagne gegen die so genannten «Ami-Käfer», die, aus der Luft abgeworfen, die Ernte des Arbeiter-und-Bauern-Staates zerstören sollten. Tatsächlich gibt es aber keine Belege, dass ein solcher Angriff je stattgefunden hat.

Am ehesten berechtigt ist der Vorwurf noch gegenüber den Deutschen. Die Wehrmacht züchtete nämlich seit 1943 tatsächlich Kartoffelkäfer und warf sogar probeweise 14000 Insekten über der Pfalz ab, um zu überprüfen, ob die überhaupt den Fall aus 8000 Meter Höhe überstehen würden (sie überlebten tatsächlich). Zum geplanten Einsatz in England kam die Biowaffe aber nie – manche Quellen sagen, dass es für den Einsatz gegen die Ernte des Sommers 1944 einfach zu spät war, andere sprechen davon, dass Hitler das Programm persönlich gestoppt hätte.

In Frankreich hat es ebenfalls zumindest Forschungen an Kartoffelkäfern gegeben. Die Propagandabehauptungen der Nazis und der DDR-Führung waren dagegen völlig haltlos und sollten dem Feind die Schuld für die Missernte in die Schuhe schieben. Auch Bertolt Brecht ließ sich für diese Kampagne einspannen und dichtete: «Die Amiflieger fliegen / silbrig im Himmelszelt / Kartoffelkäfer liegen / in deutschem Feld.» Alles gelogen.

Man weiß nicht, wie Katzen schnurren

Stimmt nicht. Es gibt zwar einige offene Fragen im Zusammenhang mit dem Schnurren der Katzen, aber wie es erzeugt wird, haben Wissenschaftler ziemlich genau erforscht. Einer von ihnen ist Gustav Peters, Kustos und Säugetierforscher am Museum Alexander Koenig in Bonn.

Peters hat zusammen mit zwei Kollegen ausgedehnte Forschungen zu dieser eigentümlichen Lautäußerung unternommen. Katzen schnurren mit ihrem ganz normalen Stimmapparat, allerdings gerät dabei der ganze Körper ins Vibrieren. Das Schnurren kann beim Ein- wie beim Ausatmen produziert werden, sodass ein fast kontinuierlicher Ton mit einer Grundfrequenz von etwa 26 Hertz entsteht – beim Ausatmen ist er ein bisschen höher. Auch können Katzen beim Schnurren noch weitere Laute erzeugen, und Katzenbabys schaffen es sogar zu schnurren, während sie an Mutters Zitze saugen.

Das Schnurren wird im Allgemeinen als Ausdruck des Wohlbefindens gedeutet. Allerdings schnurren Katzen auch während der Geburtswehen oder wenn sie verletzt sind – in diesem Fall scheint der Laut eher der Selbstberuhigung zu dienen. Während die Frage nach dem Grund des Schnurrens noch diskutiert wird, ist die seiner Erzeugung also weitgehend geklärt.

Übrigens schnurren fast alle Verwandten der Katze – außer Löwe, Tiger, Leopard und Jaguar.

ICH FRAGE MICH, WIE KATZEN DAS MACHEN: SCHNURREN!?
GUTE FRAGE, WEIL LEICHT ZU BEANTWORTEN.
SCHADE! ICH HOFFTE, "GUTE FRAGE" HEISST, SCHWER ZU BEANTWORTEN.

In der New Yorker Kanalisation leben Alligatoren

Stimmt nicht. Es handelt sich hier um eine sehr hartnäckige urbane Legende, sehr schön ist vor allem das Detail, wonach es sich um Albinos handeln soll. Die Geschichte geht so: Reisende New Yorker hätten süße kleine Alligatoren aus dem Florida-Urlaub mitgebracht und sie dann, als sie zu groß wurden, ausgesetzt. In der Kanalisation hätten die Reptilien ein neues Biotop gefunden, sich dort sprunghaft vermehrt und wohl aufgrund der Dunkelheit ihre Farbe verloren.

Es ist immer schwer, die Nichtexistenz von etwas zu beweisen – immerhin sind die New Yorker Kanäle insgesamt etwa 10 000 Kilometer lang. Aber man kann wohl sagen, dass die Kanal-Alligatoren ein Produkt der Phantasie sind. Das Archiv der *New York Times* verzeichnet eine einzige Alligator-Sichtung am 9. Februar 1935 – drei Jungen erlegten das Tier, das seinen Kopf aus einem offenen Gully steckte.

Der meistzitierte «Beweis» für die Existenz der unterirdischen Population ist das Buch *The World Beneath the City* von Robert Daley aus dem Jahr 1959. Darin wird Teddy May, in den dreißiger Jahren oberster Inspektor der New Yorker Unterwelt, mit einer blumigen Alligatorengeschichte zitiert. May erzählte, wie er Hinweisen von Kollegen nachging und sich auf eine Expedition in die Unterwelt aufmachte. Ein Alligator nach dem anderen tauchte im Lichtkegel seiner Taschenlampe auf. Nicht in den Hauptsielen, sondern in den ruhigen Seitensträngen der Kanalisation. «Die Kolonie schien es sich unter den Straßen der geschäftigsten Stadt der Welt gemütlich gemacht zu haben», schreibt Daley.

Ist die Geschichte glaubwürdig? Edward May war zum Zeitpunkt seines Berichts schon 84, und andere Quellen bezeichnen ihn als legendären Geschichtenerzähler. Reptilienforscher sind sich einig, dass die New Yorker Kanalisation im Winter viel zu kalt für die wechselwarmen Tiere ist. Aber hübsch ausgedacht ist die Legende schon.

Das Wort «Handy» ist eine deutsche Erfindung

Stimmt nicht. Zwar sind die Deutsch Sprechenden tatsächlich die Einzigen, die ihr Mobiltelefon als «Handy» bezeichnen. Im englischen Sprachraum sagt man *mobile phone* oder *cellphone*. Überhaupt scheint fast jedes Land seinen eigenen Spezialbegriff zu haben: vom italienischen *telefonino* über das finnische *kännykkä* bis zum schwedischen *ficktelefon*, auch *yuppie nalle* genannt.

Dass die Deutschen sich eines englisch klingenden Fantasiewortes bedienen, wird von Kulturpessimisten gern als «Anglomanie ins Absurde getrieben» bezeichnet, so eine Überschrift in der *Rheinischen Post*. Der Begriff verdanke «sich in Wirklichkeit allein der eilfertigen Unterstellung, der Sprache Luthers und Goethes fehlten im Zeitalter der globalen Kommunikation schlicht die Worte und man müsse ihr den kehligen Provinzialismus austreiben», schrieb das Blatt 1999.

Nun kann man grübeln, wie Luther sein Mobiltelefon genannt hätte – dass der Begriff eine rein deutsche Schöpfung sei, kann man aber so nicht stehen lassen. Im Internet hat der Amateurfunker Walter Koch sich akribisch mit der Geschichte des mobilen Funkverkehrs beschäftigt und dabei auch Interessantes zur Etymologie des Handys herausgefunden. Die Wurzeln des Begriffs gehen zurück in eine Zeit, als es noch keine Mobiltelefone gab: In den dreißiger Jahren des 20. Jahrhunderts entwickelte die Firma Motorola für das Militär kleine tragbare Funkgeräte. Im Gegensatz zu den «Walkie-Talkies», die meistens rucksackgroß waren, konnte man dieses Gerät wie einen Telefonhörer in der Hand halten. Genannt wurde es «Handie-Talkie», und manche amerikanischen Soldaten sollen es auch kurz als *handy* bezeichnet haben.

Im deutschen Sprachraum taucht das Handy dann nach

Kochs Recherchen erstmals in einer Anzeige von 1986 auf, damals noch für ein kleines Amateurfunkgerät. Später wurden auch schnurlose Festnetztelefone als «Home Handy» bezeichnet, bevor sich der Begriff dann von 1990 an für die Mobiltelefone durchsetzte. Ein Versuch der Gesellschaft für deutsche Sprache, ein alternatives Wort zu finden, scheiterte 1996 kläglich mit Begriffen wie «Anrufli», «Foni», «Ohrly» oder «Nervi». Der Siegeszug des Handys war nicht mehr aufzuhalten.

Blondinen sind vom Aussterben bedroht

Stimmt nicht. «In 200 Jahren wird das letzte hellhaarige Mädchen zur Welt kommen. Irgendwo in Finnland», meldete 2002 die Boulevardpresse. Müssen Männer sich auf eine Welt ohne Blondinen einstellen? Zum Glück war die Meldung völlig aus der Luft gegriffen.

Es stimmt, dass die blonde Haarfarbe rezessiv vererbt wird. Das bedeutet: Ein Kind, das von seinen Eltern je ein Gen für schwarze und eines für blonde Haare erhält, bekommt dunkles Haar. Damit ist das «blonde Gen» aber nicht verschwunden, sondern wird in der nächsten Generation mit einer Wahrscheinlichkeit von 50 Prozent weitervererbt. So können auch die Kinder von zwei dunkelhaarigen Eltern blond sein. Rezessive Gene gehen nicht verloren, wenn sie keinen evolutionären Nachteil darstellen – und das kann man über die blonden Haare nun wirklich nicht sagen.

Mit dem Aussterben der Blonden ist also vorerst nicht zu rechnen, aber wahr ist, dass ihre Zahl zurückgeht. Das liegt an der zunehmenden Wanderungsfreudigkeit der Menschen und der damit verbundenen Durchmischung: Früher lebten die etwa 10 Prozent Blonden in den nordischen Ländern vorwiegend unter sich, und das Blond-Gen hatte bessere Chancen, sich durchzusetzen. Heute paaren sich zunehmend Menschen unterschiedlicher Haut- und Haarfarbe – und deshalb kommen die blonden Erbanlagen seltener zur Ausprägung als früher.

KASSE 1
NUR 3 TEILE
UND / ODER
BLONDINEN
KASSE 2
BLONDINEN KÖNNEN VON MIR AUS AUSSTERBEN UND LEUTE, DIE NUR DREI TEILE HABEN, EBENFALLS.

Die Spieldauer der Audio-CD wurde so gewählt, dass die 9. Sinfonie von Beethoven auf ihr Platz findet

Stimmt. Ursprünglich war die digitale Scheibe eine Idee der Firma Philips. Die Compact Disc sollte einen Durchmesser von 11,5 Zentimetern haben, kompakt eben, und 60 Minuten Musik fassen. Damit hätten fast alle Schallplattenaufnahmen auf eine CD gepasst – beide Seiten, wohlgemerkt.

Auf der Suche nach einem starken Partner tat sich Philips mit Sony zusammen, in langen Verhandlungen wurden die technischen Spezifikationen des neuen Standards festgelegt und im berühmten «Roten Buch» niedergeschrieben. In fast allen Punkten setzte sich Philips durch – nur nicht bei der Spieldauer. Sonys Vizepräsident war damals Norio Ohga, ein ausgebildeter Opernsänger, der mit einer Konzertpianistin verheiratet war. Schon lange hatte Ohga sich gewünscht, Beethovens 9. Sinfonie so auf einen Tonträger pressen zu können, dass man sie ohne Umdrehen oder Scheibenwechsel hören könnte. Ohgas Lieblingsversion mit Herbert von Karajan am Dirigentenpult dauerte 66 Minuten. Die Techniker bei Philips durchforsteten die Archive und fanden auch Versionen mit erheblich längerer Spieldauer. Sie orientierten sich an der längsten damals vorliegenden Fassung – und legten fest, dass die Audio-CD 74 Minuten Musik fassen muss. Nebeneffekt: Der Durchmesser musste um einen halben Zentimeter vergrößert werden.

ALS CHEF BEVORZUGEN SIE NATÜRLICH DIE KÜRZESTE VERSION VON BEETHOVENS NEUNTER. D.H. DIE, WO KARAJAN SEIN ORCHESTER SO RICHTIG GESCHEUCHT HAT.
SONY PHILIPS
CHEF
WIR VON DER TECHNIK BEVORZUGEN NATÜRLICH DIE LÄNGSTE VERSION.

Nicht der Mount Everest, sondern der Chimborazo in Ecuador ist der Gipfel, der am weitesten vom Erdmittelpunkt entfernt ist

Stimmt. Der Grund dafür ist, dass die Erde keine Kugel ist, sondern (annähernd) ein Rotationsellipsoid, das an den Polen abgeflacht ist. Der Abstand vom Nord- zum Südpol ist etwa 43 Kilometer kleiner als der Durchmesser am Äquator. Da der Chimborazo nur bei 1,5 Grad südlicher Breite liegt, der Mount Everest aber bei 28 Grad nördlicher Breite, ergeben sich nach ein wenig Rechnerei mit Sinus, Cosinus und ein paar Wurzeln für die beiden Standorte unterschiedliche Entfernungen des (fiktiven) Meeresspiegels vom Erdmittelpunkt: 6378,1 Kilometer in Ecuador, 6373,4 Kilometer in Nepal. Wenn man darauf noch die Höhe der Berge addiert (6310 Meter für den Chimborazo, 8850 Meter für den Mount Everest), so ist der Chimborazo tatsächlich knapp 2200 Meter «höher». Das gilt übrigens auch für eine Menge anderer Andengipfel, aber auch für den afrikanischen Kilimandscharo.

Nach allen irdischen Maßstäben aber bleibt der Mount Everest der König der Berge, etwa was dünne Höhenluft anbetrifft. Und würde man eine Wasserleitung zwischen beiden Gipfeln verlegen, so flösse das Wasser bergab zum Chimborazo. Theoretisch zumindest.

Es gibt übrigens noch einen dritten Gipfel, von dem man sagt, er sei der höchste Berg der Erde: Der Mauna Kea auf Hawaii. Er ist der Berg, bei dem der größte Höhenunterschied zwischen seinem Fuß und seiner Spitze besteht. Nämlich etwa 9750 Meter – gemessen vom Meeresboden aus.

Auf dem amerikanischen 1-Dollar-Schein ist das Zeichen des Geheimbunds der Illuminaten abgebildet

Stimmt nicht. Es geht um das Auge im Dreieck, das angeblich auf diese geheime Freimaurerloge hinweist. Wirklich eingefleischte Verschwörungstheoretiker werde ich an dieser Stelle kaum überzeugen. Wer glaubt, dass es eine geheime Organisation gibt, die als Drahtzieher alle wichtigen Machtzentren der Welt besetzt, der wird auch eine Erklärung für das Paradox haben, dass diese Geheimorganisation ihr Emblem millionenfach auf Geldscheinen öffentlich verbreitet.

Stimmt denn wenigstens, dass die Freimaurer, zu denen ja einige der Gründerväter der USA gehörten, ihre Wahrzeichen auf dem Geldschein verewigt haben?

Der Dollar hat seine heutige Rückseite seit 1935 – da entschied Präsident Franklin D. Roosevelt, das offizielle US-Wappen, das so genannte Great Seal, auf dem Geldschein abzubilden. Und die Rückseite dieses Siegels besteht eben aus der unfertigen Pyramide, über der das «sehende Auge» schwebt.

Das Aussehen des Siegels wurde vom Kongress im Jahr 1782 festgelegt. Vorausgegangen war ein zäher, sechs Jahre dauernder Prozess, in dessen Verlauf das Parlament mehrere Vorschläge verworfen hatte. Der entscheidende Entwurf stammte dann von dem Künstler William Barton, der die Pyramide als Symbol der Stärke und das Auge als Sinnbild für die Vorsehung interpretierte. Steckt dahinter eine freimaurerische Verschwörung? Von den beteiligten Politikern ist nur bei Benjamin Franklin sicher, dass er einer Freimaurerloge angehörte. Und das Auge wird zwar von Freimaurern als Symbol benutzt, ist aber auch sonst im Christentum weit verbreitet. Von der Verschwörungstheorie bleibt also nicht viel übrig.

Frauen frieren schneller als Männer

Stimmt. Das kann fast jeder aus Erfahrung bestätigen. Zum Beispiel fügen Hersteller von Outdoor-Schlafsäcken ihren Temperaturtauglichkeitsangaben gern Sätze hinzu wie «Frauen frieren durchschnittlich 5 Grad früher als Männer».

Aber wieso? Es hat weder mit einer anderen Körpertemperatur zu tun noch mit «den Hormonen», wie manchmal gesagt wird. Zwei einfache Gründe lassen den durchschnittlichen Frauenkörper schneller frieren: Erstens sind Frauen meist kleiner als Männer. Betrachten wir die Frau, grob vereinfacht, als maßstabsgerecht verkleinerten Männerkörper: Das Verhältnis von Körperoberfläche zu Körpervolumen ist ungünstiger – ein kleiner Körper strahlt verhältnismäßig mehr Wärme ab als ein großer, wie man zum Beispiel auch bei großen und kleinen Kartoffeln sehen kann. Das ist gut bei Hitze, aber schlecht bei Kälte. Zweitens ist bei Frauen (wiederum im Durchschnitt!) der Anteil der Muskelmasse am Körper kleiner als bei Männern und der Fettanteil größer. Die Muskeln sind aber das am besten durchblutete Gewebe und sozusagen unsere innere Heizung.

Dass diese beiden Faktoren wichtig für das Fröstelverhalten sind, bestätigt auch eine Studie, die kanadische Forscher im Jahr 2000 im *Journal of Applied Physiology* veröffentlichten: 11 Frauen und 14 Männer wurden 90 Minuten lang bis zum Hals in ein Becken mit 18 Grad kaltem Wasser eingetaucht – beziehungsweise so lange, bis sie es nicht mehr aushielten. Sie waren mit einem rektalen Fieberthermometer ausgerüstet, außerdem wurde über den Atem ihr Metabolismus gemessen. Ergebnis: Die Frauen kühlten schneller ab als die Männer und produzierten weniger Wärme im Verlauf des Versuchs. Wenn man allerdings die Körperoberfläche und den Körperfettanteil berücksichtigte, dann verschwand der Geschlechtsunterschied.

Es handelt sich also keineswegs um hysterisches Gejammer, sondern es ist objektiv begründbar, warum Frauen (und kleine dicke Männer) schneller frieren. Der Gentleman macht sich also nicht darüber lustig, sondern dreht die Heizung höher oder legt der Dame seinen wärmenden Mantel über die Schultern.

Briefmarken sind ungültig, wenn ein Zacken fehlt

Stimmt nicht. Der Sammlerwert einer Briefmarke sinkt sicherlich rapide, wenn ein Zacken oder gar mehrere fehlen – mit der Gültigkeit hat das aber nichts zu tun. Anders als bei Geldscheinen, bei denen es ein klares Kriterium gibt (mehr als die Hälfte muss noch übrig sein), haben die Post-Mitarbeiter bei Briefmarken einen gewissen Ermessensspielraum. «Wenn die Marke noch hinreichend erkennbar ist, auch in Bezug auf ihren Nennwert, wird die Sendung befördert», sagt Dirk Klasen von der Pressestelle der Deutschen Post.

Keinen Spaß versteht die Post dagegen, wenn der Kunde eine schon einmal benutzte Marke noch einmal verwendet – auch wenn sie nicht abgestempelt ist. Briefmarken (amtlich: Postwertzeichen) sind «Gebührenquittungen für Postdienstleistungen», herausgegeben vom Bundesfinanzminister. Deshalb ist die Fälschung dieser hoheitlichen Dokumente auch ganz besonders strafbar.

WENN BRIEFMARKEN WERTLOS WÄREN, WENN EIN ZACKEN FEHLT.

Man darf Joghurtdeckel nicht ablecken, weil Aluminium die Alzheimer-Erkrankung fördert

Stimmt nicht. Die Frage, ob Joghurtdeckel mit Konservierungsstoffen und anderen potenziell schädlichen Substanzen behandelt sind, habe ich schon in einem früheren «Stimmt's?»-Buch negativ beantwortet. Das Lebensmittelgesetz verbietet solche Zusatzstoffe auch auf Verpackungen. Wie sieht es nun mit der Alzheimer-Gefahr durch Aluminium aus?

Erstens: Der Zusammenhang zwischen Aluminium und Alzheimer ist alles andere als geklärt. 1965 kam erstmals der Verdacht auf, als man nachweisen konnte, dass sich die Hirne von Versuchstieren durch Aluminium schädigen ließen. Aber dies war keine Alzheimer-Erkrankung. Inzwischen gehen die meisten Forscher nicht mehr davon aus, dass es einen ursächlichen Zusammenhang gibt.

Zweitens: Der Körper scheidet 99 Prozent des Aluminiums, das er aus der Umwelt erhält, direkt wieder aus. Was absorbiert wird, verlässt den Organismus bald schon über die Nieren. Der Körper eines Erwachsenen enthält nur etwa 30 bis 50 Milligramm Aluminium.

Und drittens: Selbst wenn einiges dafür spricht, dass man nicht zu viel Aluminium schlucken sollte – die Hauptquelle für den Stoff ist sicherlich nicht der Joghurtdeckel. Der größte Teil des Leichtmetalls ist in den Nahrungsmitteln selbst enthalten, weitere Quellen sind Alutöpfe und -pfannen, in denen säurehaltige Lebensmittel zubereitet werden. Mit Abstand am meisten Aluminium nehmen Menschen zu sich, die säurehemmende Magenmedikamente schlucken. Und die bekommen, soweit man weiß, auch nicht öfter Alzheimer als andere.

Fazit: Gegen das Ablecken des Joghurtdeckels sprechen weiterhin allenfalls ästhetische Gründe.

Ein Huhn legt jeden Tag ein Ei

Stimmt fast. Das Lied *Ich wollt, ich wär ein Huhn* liegt gar nicht so falsch, wenn es dort heißt: «... und legte jeden Tag ein Ei und sonntags auch mal zwei.»

Alle Haushühner stammen von dem wilden Bankivahuhn ab, das man heute nur noch in entlegenen Gebieten Südostasiens findet. Vor mehr als 3000 Jahren hat der Mensch begonnen, das Federvieh zu domestizieren. So sind die etwa 150 Hühnerarten entstanden, die es heute gibt. Dabei wurde die Legeleistung in unnatürliche Rekordhöhen getrieben: Ein Wildhuhn legt vielleicht 30 Eier pro Jahr in mehreren Gelegen von etwa zehn Stück. Schon die robusten, frei laufenden Landhühner vergangener Jahrhunderte produzierten ein Vielfaches davon, bis zu 180 Eier jährlich. Die Haltung in Käfigbatterien hat die Leistung noch einmal gesteigert – das moderne Huhn leistet eine Jahresproduktion von 200 bis 300 Eiern und schafft damit wirklich fast täglich ein Ei. Allerdings sollte man sich dann an die Alternativversion des Liedes halten, die mit den Worten endet: «...und sonntags hätt ich frei.»

Trotz dieser Leistung lässt sich der Eierkonsum der Deutschen von etwa 220 Eiern pro Kopf und Jahr aus der inländischen Produktion nicht decken – ein Drittel wird importiert. Sollte die Käfighaltung wirklich abgeschafft werden, wird dieser Importanteil wohl noch steigen.

Männer haben Brustwarzen, weil sie in der Frühzeit der Menschheit auch die Kinder gestillt haben

Stimmt nicht. Im Reich der Säugetiere sind die Geschlechterrollen klar verteilt: Es gibt keine Art, bei der der Vater die Kinder säugt. Auch bei unseren hominiden Vorfahren war das nicht üblich. Darwin hat in seinem berühmten Werk *Die Entstehung der Arten* anlässlich der Brustwarzen-Frage spekuliert, dass bei den allerersten Säugetieren beide Eltern den Nachwuchs mit Milch versorgt haben könnten – harte Daten gibt es zu dieser Vermutung allerdings nicht.

Dass Männer heute immer noch Brustwarzen haben, liegt daran, dass diese sich in einem sehr frühen Stadium der Entwicklung bilden – zu einer Zeit, in der sich das Geschlecht des Embryos noch nicht ausgeprägt hat. Zwar wird bei jedem Menschen schon zum Zeitpunkt der Verschmelzung von Ei- und Samenzelle festgelegt, ob aus ihm einmal ein Junge oder ein Mädchen wird; in den ersten Wochen aber verläuft die Entwicklung völlig gleich. Schon in Woche vier bilden sich die Brustwarzen, aber erst in Woche sieben beginnen die Geschlechtshormone zu wirken, die dann für eine Ausdifferenzierung der sexuellen Merkmale sorgen. Die männlichen Brustwarzen bleiben.

Und nicht nur die: Männer verfügen auch über rudimentäre Brustdrüsen und damit prinzipiell über alle nötigen Attribute, um Milch zu geben. Dass sie das in Ausnahmefällen tatsächlich können, ist schon des Öfteren beschrieben worden. Alexander von Humboldt berichtete 1799 von einem venezolanischen Bauern, der nach dem Tod seiner Frau fünf Monate lang sein Kind stillte. Auch heute werden immer wieder solche Anekdoten berichtet.

Flugzeuge lassen beim Landeanflug routinemäßig Kerosin ab

Stimmt nicht. *Fuel dump* heißt in der Fliegersprache das Ablassen von Kerosin, und es ist bei weitem kein Standardmanöver – im Jahr 2002 mussten im deutschen Luftraum 34 Piloten zu dieser Notmaßnahme greifen, etwa die Hälfte davon saß im Cockpit einer Militärmaschine.

In der zivilen Luftfahrt verfügen nur die Langstreckenjets wie die Boeing 747 oder der Airbus A 340 überhaupt über die entsprechenden Ablassventile. Bei diesen Flugzeugen ist nämlich in voll getanktem Zustand das Startgewicht manchmal mehr als 100 Tonnen höher als das zulässige Landegewicht. Wenn dann kurz nach dem Start ein Notfall eintritt, der eine Rückkehr zum Ausgangsflughafen erforderlich macht, dirigieren die Fluglotsen den Jet über unbewohntes Gebiet, und dort lässt der Pilot in vier bis acht Kilometer Höhe das Kerosin ab. Das wird dann in feinste Tröpfchen verwirbelt. Höchstens acht Prozent des Treibstoffs kommen tatsächlich am Boden an, der Rest verdampft und wird früher oder später durch das Sonnenlicht zersetzt.

Die so genannten Wirbelschleppen an den Tragflächen von landenden Flugzeugen, die man bei feuchtem Wetter manchmal beobachten kann, haben dagegen nichts mit Kerosin zu tun – sie bestehen aus harmlosem Wasserdampf.

Beim langsamen Joggen wird mehr Fett abgebaut als beim schnellen Laufen

Stimmt nicht. Es wäre zu schön: Je weniger man sich anstrengt, umso schneller schmelzen die Pfunde dahin! Das widerspricht leider sämtlichen Gesetzen der Physik, wird aber immer wieder in Ratgebern oder auch in Fitness-Studios verbreitet. Die Ursache der Legende ist meist eine Verwechslung von relativem und absolutem Anteil der Fettverbrennung am Energieverbrauch.

Bei langsamer Aktivität und geringer Pulsfrequenz holt sich der Körper fast die gesamte Energie aus der Verbrennung von Fett. Das ist ein recht komplizierter und langwieriger chemischer Prozess, der aber sehr viel Energie liefert. Wenn die Belastung ansteigt und der Fettstoffwechsel zu langsam ist, greift der Körper auf zwischengespeicherte Kohlenhydrate zurück, die sich schneller in verfügbare Energie umsetzen lassen. Dabei verbrennt er aber zunächst nicht weniger Fett, sondern genauso viel oder sogar noch mehr; lediglich der Anteil der Fettverbrennung am Gesamtenergieumsatz sinkt auf etwa die Hälfte. Die maximale Fettverbrennung findet bei etwa 75 Prozent der maximalen Herzfrequenz statt, danach geht sie leicht zurück. Beim langsamen «Fettstoffwechseltraining» werden also nicht mehr Fettpolster abgebaut als beim kräftigen Laufen.

Nach dem Sport muss sich der Körper regenerieren – und nutzt dafür ebenfalls die Fettreserven (dass der Körper seine eigenen Muskeln «auffressen» würde, ist auch so eine Legende). Man darf also nicht nur die Energiebilanz während des Trainings selbst betrachten.

Letztlich ist und bleibt die Rechnung eben doch ganz simpel: Der Mensch nimmt ab, wenn er mehr Energie verbraucht, als er dem Körper über die Nahrung zuführt. Und eine Stunde

Joggen bei hohem Puls ist immer noch energieaufwändiger als eine Stunde Walken.

Auch die Ratschläge für den richtigen Puls beim Laufen haben wenig mit dem Fett zu tun – es sind mehr oder weniger sinnvolle Orientierungswerte, die vor allem den Anfänger davon abhalten sollen, seinem Körper zu viel zuzumuten und die Herzfrequenz nicht gleich in schwindelnde Höhen zu treiben.

Kaffee entzieht dem Körper so viel Flüssigkeit, wie er ihm zuführt

Stimmt nicht. Die Regel, dass man Kaffee und Tee bei der täglichen Flüssigkeitsaufnahme nicht mitzählen darf, ist eher symbolisch gemeint und nicht wörtlich zu nehmen – auch wenn es unter gesundheitlichen Gesichtspunkten bestimmt nicht sinnvoll ist, den gesamten Flüssigkeitsbedarf mit koffeinhaltigen Getränken zu decken. Tatsächlich wirkt Kaffee harntreibend. Trotzdem wird niemand verdursten, der große Mengen Kaffee oder Tee trinkt und sonst nichts.

Die diuretische, also den Harnfluss verstärkende Wirkung von Koffein ist seit über 100 Jahren bekannt. Sie beruht hauptsächlich darauf, dass Koffein die Durchblutung der Niere steigert und dadurch deren Aktivität erhöht. Außerdem hemmt es (ebenso wie Alkohol) die Produktion des Hormons ADH, auch Vasopressin genannt. Dieses ADH wiederum hemmt die Flüssigkeitsausscheidung der Niere. Die Hemmung wird gehemmt – die Niere scheidet mehr aus.

Es ist aus verschiedenen Gründen schwierig, genau zu beziffern, wie viel Flüssigkeit man verliert, wenn man einen Liter Kaffee trinkt: Erstens ist die diuretische Wirkung von Mensch zu Mensch verschieden. Zweitens gibt es einen Gewöhnungseffekt – bei starken Kaffeetrinkern lässt diese Wirkung nach. Und drittens hängt der Effekt von der Flüssigkeitsbilanz ab: Wenn man zusätzlich andere Getränke zu sich nimmt, wird auch der durch den Kaffee erzeugte Harndrang stärker. Das symbolische Glas Wasser zum Espresso nützt also für die Flüssigkeitsbilanz nicht viel.

Lakritz kann impotent machen

Stimmt. Eigentlich sagt der Volksmund ja «Lakritz macht spitz». Die gegenteilige Befürchtung ist im Jahr 2003 wieder wissenschaftlich untersucht worden. Die iranischen Forscher um Mahmoud Mosaddegh konnten frühere Studien bestätigen, nach denen der Genuss von Lakritz den Spiegel des männlichen Hormons Testosteron signifikant senkt. Vermutet wird ein Zusammenspiel des Wirkstoffs Glycyrrhizin mit einem körpereigenen Enzym, das an der Testosteronproduktion beteiligt ist.

Nun ist der Zusammenhang zwischen Testosteron und Potenz keineswegs ein linearer, nach dem Motto «Je mehr Hormon, desto standfester der Mann». Aber bei Männern mit ohnehin niedrigem Testosteronspiegel könnte sich schon eine Wirkung ergeben – vielleicht weniger beim Lakritzessen als bei der Einnahme von Medikamenten, die Glycyrrhizin enthalten.

Zur Beruhigung von Lakritzfans sei aber gesagt: Die hormonsenkende Wirkung, das haben italienische Forscher herausgefunden, ist vollständig reversibel. Eine dauerhafte Schwächung der Manneskraft durch den Lakritzgenuss ist also nicht zu befürchten.

Eine weitere gesundheitliche Nebenwirkung der schwarzen Leckerei: In großen Mengen genossen, kann Lakritz zu Bluthochdruck führen.

Im Tierreich gibt es Rechts- und Links«füßer»

Stimmt. Nicht nur Menschen, auch viele Tiere bevorzugen eine Extremität gegenüber der (oder den) anderen: Manche Katze zum Beispiel hascht meist mit der rechten Pfote nach Wollknäueln, es gibt rechts- und links«händige» Pferde, die Winkerkrabben teilen sich in Rechts- und Linkswinker. Sogar bei Tintenfischen ist beobachtet worden, dass sie einen Lieblingsarm haben, mit dem sie in Höhlen nach Beute suchen. Der evolutionäre Vorteil dieser «Händigkeit»: Wenn das Tier vor allem mit einer der Gliedmaßen bestimmte Fertigkeiten trainiert, wird es geschickter, als wenn es die Übungszeit auf zwei, vier oder gar acht Arme und Beine verteilt.

Eine andere Frage ist die, ob es auch im Tierreich eine ungleiche Verteilung der Händigkeit über die ganze Spezies gibt – so wie beim Menschen, wo die Rechtshänder 90 Prozent ausmachen. Bisher hieß es: Nein, die Dominanz der menschlichen Rechtshänder muss etwas mit Kultur und Sprache zu tun haben. Neue Forschungsergebnisse zeigen aber, dass es auch bei manchen Tierarten eine solche Dominanz gibt. So fand man bei Walrossen 66 Prozent «Rechtsflosser» (und nur 4 Prozent «Linksflosser» – der Rest benutzte die Schnauze) und bei einer neuseeländischen Krähenart eine vorherrschende «Rechtsäugigkeit». Die Vögel wenden einer Sache, die sie näher beäugen wollen, stets dieselbe Seite des Kopfes zu. Die Forscher vermuten, dass solche Präferenzen etwas mit der Arbeitsteilung der Gehirnhälften zu tun hat. Jedenfalls ist der Mensch auch auf diesem Gebiet nicht einzigartig in der Schöpfung.

ICH BIN AUCH BEIDBEINIG. HABE BEIDE BEINE EIN-GEKNICKT.

Früher wurde Kaffee auch aus der Untertasse getrunken

Stimmt. Es heißt ja auch Unter*tasse* und nicht Unter*teller*. Aber Spaß beiseite: Wenn sich jemand schon immer gewundert hat, warum in manchem edlen Porzellan-Service die Untertasse fast die Dimension einer heutigen Müslischale hat – der Grund liegt darin, dass man früher tatsächlich daraus getrunken hat.

Das Porzellan wurde in Europa durch Johann Friedrich Böttger in Meißen im Jahr 1709 sozusagen «nacherfunden» (die Chinesen kannten es selbstverständlich schon viel früher). So bekamen die modischen Kaffee- und Teesalons des 18. Jahrhunderts auch das standesgemäße Geschirr. Damit man sich an den heißen Kaffeetassen und Teeschalen nicht die Finger verbrannte, wurden sie mit Henkeln versehen – die gab es in den Ursprungsländern der Getränke nicht. Kaffee war damals noch kein Allerweltsgetränk, sondern ein Luxusgut, dessen Genuss zelebriert wurde. Wenn er zu heiß war, dann war es durchaus üblich, ihn in die Untertasse zu schütten und daraus zu schlürfen – eine Sitte, mit der man heute aus jedem besseren Restaurant hinauskomplimentiert würde. Aber damals wurde die Sitte sogar künstlerisch festgehalten: Von dem französischen Maler Louis-Marin Bonnet gibt es die Radierung einer Kaffeetrinkerin, die der Etikette ihrer Zeit entsprechend den Kaffee aus der Untertasse schlürft und dabei sogar noch elegant den kleinen Finger abspreizt.

Dass heiße Getränke in der Untertasse aufgrund der größeren Oberfläche schneller abkühlen, haben nicht nur die deutschen Kaffeehausgänger der Rokokozeit zu schätzen gewusst: Entsprechende Sitten werden auch aus Skandinavien, aus Indien und aus Russland berichtet.

In der Nazizeit wurden Wälder in Form von Hakenkreuzen angepflanzt, die man noch heute sehen kann

Stimmt. Der berühmteste «Hakenkreuzwald» stand bis 2000 in der Nähe von Zernikow in der Uckermark. Die etwa 100 Lärchen waren 1938 von linientreuen Hitler-Verehrern inmitten eines Kiefernwaldes angepflanzt worden. Weil Lärchen im Gegensatz zu Kiefern ihre Nadeln verlieren, entstand im Herbst stets ein gelbes Hakenkreuz auf dunkelgrünem Grund und im Frühjahr ein hellgrünes – sichtbar freilich nur aus der Luft.

Zu DDR-Zeiten war das peinliche Emblem in Vergessenheit geraten. Damals gab es in der Gegend keinen privaten Flugverkehr, und so fiel das Hakenkreuz niemandem auf. Als nach der Wende vermehrt Hobbypiloten mit ihren Flugzeugen über das Gebiet hinwegflogen, wurde es wiederentdeckt – und ausländische Medien griffen das Thema gern auf. 1995 versuchte man zum ersten Mal, den «Naziwald» auszudünnen, aber das Symbol erwies sich als hartnäckig: Auch die verbliebenen 57 Bäume bildeten noch ein deutliches Hakenkreuz. Im Dezember 2000 wurden noch einmal 25 Bäume entfernt. «Seitdem hat sich bei uns niemand mehr gemeldet«, sagt der Revierförster Ulrich Koch. «Wir gehen davon aus, dass es aus der Luft nicht mehr erkennbar ist.»

Nach der Veröffentlichung der «Stimmt's?»-Folge in der *Zeit* bekam ich mehrere Zuschriften von Lesern, die mir von ähnlichen botanischen Nazisymbolen berichteten. Etwa von einem Satz SS-Runen in der Gegend von Tuttlingen, die allerdings kaum noch zu erkennen seien. Am Kellerskopf in der Nähe von Wiesbaden dagegen gebe es noch ein deutlich sichtbares Hakenkreuz. Man kann also nicht davon ausgehen, dass das deutsche Luftbild vollständig entnazifiziert ist.

Unmittelbar vor ihrem Tod sehen manche Menschen noch einmal ihr bisheriges Leben im Zeitraffer vorüberziehen

Stimmt. Was Menschen im Moment ihres Todes erleben, darüber gibt es naturgemäß keine Berichte. Allerdings erzählt etwa ein Drittel der Menschen, die dem Tod sozusagen in letzter Minute von der Schippe gesprungen sind, von so genannten Nahtod-Erfahrungen. Und dabei gibt es einige Elemente, die immer wieder auftauchen: der Blick durch einen Tunnel, an dessen Ende ein helles Licht leuchtet; das Gefühl, den eigenen Körper zu verlassen und ihn von außen zu betrachten; und eben auch der «Film des Lebens», der im Zeitraffer vor dem inneren Auge abläuft.

In jüngster Zeit haben Forscher begonnen, solche Nahtod-Erlebnisse systematisch zu analysieren. Der Psychiater Michael Schröter-Kunhardt etwa hat 230 Fälle untersucht, darunter auch viele, in denen die Menschen einen «Lebensfilm» sahen – der übrigens mal vorwärts ablief und mal rückwärts. Der Neurologe Detlef Linke glaubte sogar, die Quelle für die Erinnerungsflut gefunden zu haben: Gewisse Rezeptoren im Hirn reagieren auf Sauerstoffmangel verstärkt und werfen das Retrokino an.

KINO 1 MEIN LEBEN IM ZEITRAFFER
KINO 2 MEIN LEBEN IN ZEITLUPE
KINO 3 MEIN LEBEN IN ECHTZEIT
KASSE
IST "IN ZEITLUPE" MIT PAUSE?

Es ist schlecht für die Augen, wenn man zu nah vor dem Fernseher sitzt

Stimmt nicht. Vor allem Kindern, die gern regelrecht in den Fernseher hineinkriechen, wird ja oft gesagt, sie würden sich die Augen verderben. Warum tun Kinder das? Sie erreichen damit einen «Breitwand-Effekt», wie ihn Erwachsene im Kino ja auch schätzen. Die Kinder scheint es auch nicht zu stören, dass man wegen der groben Auflösung des Bildschirms von nahem nicht mehr erkennen kann, als wenn man ein paar Meter entfernt sitzt. Und sie können ihre Augen besser auf nahe Gegenstände fokussieren als Erwachsene.

Gesundheitliche Schäden müssen die Eltern aber nicht befürchten. Zwar können nach stundenlangem Glotzen aus kurzer Entfernung schon einmal die Augen brennen, aber das ist eine Ermüdungserscheinung, die vorbeigeht. Dass eine Fehlsichtigkeit durchs Fernsehen entstehen kann, dafür gibt es keinerlei Belege. Allerdings könnte die Angewohnheit, sich sehr nah vors TV-Gerät zu setzen, ein Anzeichen für eine schon bestehende Kurzsichtigkeit sein – ein Anlass, einmal mit dem Kind zum Augenarzt zu gehen.

Das ist natürlich kein Plädoyer für grenzenloses und unbeaufsichtigtes Fernsehen. Ein amerikanischer Augenarzt formulierte es so: «Fernsehen schädigt nicht die Augen von Kindern, sondern das Gehirn!»

ICH GLAUBE, DIE FERN-BEDIENUNG BRAUCHT EINEN GEWISSEN ABSTAND, DESHALB HAT ER SIE AM FUSS FESTGEBUNDEN.

Die NASA könnte heute keinen Menschen mehr zum Mond schicken, weil das Know-how verloren gegangen ist

Stimmt nicht. Begründet wird diese Behauptung oft damit, dass die Baupläne der Apollo-Mission aus den 60er und 70er Jahren verschwunden oder zerstört seien. Tatsächlich aber werden die Pläne im Marshall Space Flight Center der NASA sorgfältig auf Mikrofilm für die Nachwelt erhalten.

Dass die Amerikaner wieder zum Mond könnten, wenn sie wollten, steht eigentlich außer Frage. Aber sollte man dafür die berühmte Saturn-V-Rakete nachbauen? Das wäre wirklich nicht leicht: Viele Firmen, die vor über 30 Jahren Teile zugeliefert haben, gibt es nicht mehr. Die Abschussrampe wird inzwischen für Shuttle-Missionen genutzt und müsste komplett neu gebaut werden. Mindestens drei Jahre, schätzen Experten, würde der Nachbau der Rakete dauern. In dieser Zeit könnte man wahrscheinlich auch gleich eine neue Rakete entwickeln – oder eine preiswerte Alternative nutzen: die russische Energija.

Dass heute keine Missionen mehr zum Mond geschickt werden, hat also nichts mit Nichtkönnen zu tun, sondern mit Nichtwollen. Anders als zur Zeit des Kalten Kriegs, als es vor allem darum ging, der Sowjetunion zuvorzukommen, sind die übers Geld entscheidenden Politiker nicht mehr so leicht vom Sinn bemannter Missionen zum Mond zu überzeugen.

Supertanker haben einen Bremsweg von über 50 Kilometern

Stimmt nicht. Die Trägheit des Tankers beim Manövrieren und Bremsen ist ja sprichwörtlich, und der Volksmund neigt, wie wir wissen, zu Übertreibungen. Und sicherlich wird die Weisheit auch in so manchem Managementseminar zur Illustration der Unbeweglichkeit großer Organisationen verwendet.

Kapitän Michael Oberländer, der sich beim Germanischen Lloyd speziell mit Schiffssicherheit beschäftigt, rückt die Sache gerade: Es gibt eine Bestimmung der internationalen Schifffahrtsorganisation IMO, nach der jeder Tanker bei der Probefahrt nachweisen muss, dass er innerhalb von 15 Schiffslängen zum Stehen kommt, wenn der «Gashebel», der bei Schiffen Maschinentelegraf genannt wird, von «voll voraus» auf «voll zurück» gestellt wird. Bei sehr großen Schiffen kann der Flaggenstaat eine Stoppstrecke von bis zu 20 Schiffslängen genehmigen. Für 300-Meter-Supertanker heißt das also: Der Bremsweg ist höchstens sechs Kilometer lang. Das ist allerdings immer noch eine ziemlich lange Strecke.

Allerdings ist diese Art zu bremsen kein Standardmanöver. Das Schiff würde dabei nämlich nicht «in der Spur» bleiben, sondern allmählich von der Kurslinie abweichen. Außerdem gibt es – jedenfalls wenn genügend Platz ist, also auf offener See – eine effektivere Methode, den Zusammenstoß mit einem Hindernis zu vermeiden: Man wirft das Ruder herum. Der Wendekreis eines Tankers liegt nämlich bei maximal fünf Schiffslängen. Der Kapitän muss also keinesfalls tatenlos zusehen, wenn vor ihm ein Eisberg oder ein anderes Hindernis auftaucht.

Bei Gewitter ist es gefährlich, in einem See zu schwimmen

Stimmt. Der Ratschlag, bei Gewitter nicht im See zu baden, ist wohlbegründet. Denn auf der großen Seeoberfläche ist ein einsamer menschlicher Schwimmer der höchste Punkt weit und breit, und bekanntlich sucht der Blitz sich solche Punkte mit Vorliebe zum Einschlagen aus.

Warum treiben dann nicht bei jedem Gewitter Tausende von toten Fischen und Wasservögeln auf dem See? Da gilt zunächst einmal: Je kleiner, desto ungefährlicher – in eine Ente schlägt der Blitz nicht so schnell ein wie in einen Menschen, und in kleinen Körpern entstehen in einem elektrischen Feld nicht so hohe Spannungen wie in großen. Und was die Fische angeht: Unter Wasser ist man erheblich sicherer als auf dem Wasser, weil man ja nicht mehr ein bevorzugtes Ziel für den Blitz ist. Und weil das Wasser ein guter Leiter ist, verteilt sich die Energie eines einschlagenden Blitzes in alle Richtungen, sodass Wasserbewohner und Taucher schon in einigen Metern Entfernung vom Blitzeinschlag wenig zu befürchten haben – je tiefer, desto sicherer.

BIN ICH FROH, DASS DIE ENTE ANGST VOR BLITZEN HAT. SO BIN NICHT ICH DER HÖCHSTE PUNKT IM WASSER.

Wenn man nackt im Schlafsack liegt, friert man weniger, als wenn man bekleidet ist

Stimmt nicht. Sogar die Ermittler der Fernsehserie *Akte X* haben schon über diese Legende diskutiert. «Ich habe mal gehört, der beste Weg, sich aufzuwärmen, wäre, nackt in einen Schlafsack zu kriechen zu jemandem, der schon nackt darin liegt», sagt Fox Mulder in einer Folge zu seiner Kollegin Dana Sculley – natürlich mit eindeutiger Absicht. Und Mulders Fantasie ist wohl auch die einzig denkbare Situation, in der man nackt Vorteile im Schlafsack hat.

Ein Schlafsack produziert keine Wärme – seine Qualität besteht darin, die vom Körper produzierte Wärme möglichst lange zu halten. Diese Wirkung wird von jeder textilen Schicht zunächst einmal verstärkt. Kontraproduktiv ist es allenfalls, wenn die Kleidung so dick ist, dass man schwitzt – denn feuchte Textilien führen die Wärme eher ab und lassen durch die Verdunstungskälte den Schläfer leichter frösteln. Noch schlimmer ist es, wenn der Schlafsack selbst feucht wird und dann die Wärme nach außen leitet.

Deshalb raten alle Schlafsackhersteller und Outdoor-Experten dazu, bei Kälte im Schlafsack eine dünne, aber wärmende Kleidungsschicht mit langen Ärmeln und Beinen zu tragen. Das größte Wärmeleck ist übrigens der aus dem Schlafsack ragende Kopf – eine Kapuze oder Schlafmütze wirkt da wahre Wunder.

Das Vernichten von Geldscheinen ist strafbar

Stimmt nicht. Man kann sich mit einem 200-Euro-Schein eine Zigarre anzünden, sein Geld durch den Reißwolf drehen und die Schnipsel in der Fußgängerzone verstreuen oder die Banknoten auch einfach zu Hause horten – niemand darf das verbieten.

Das Bargeld (und da hat sich beim Übergang von der Mark zum Euro nichts geändert) hat einen seltsamen Doppelcharakter: Einerseits ist es als das einzige unbeschränkte gesetzliche Zahlungsmittel eine «öffentliche Einrichtung». Andererseits wird der Bürger, sobald die Geldscheine rechtmäßig in seinen Besitz kommen, nicht nur ihr Nutzer, sondern auch ihr Eigentümer – und da greift der Paragraf 903 des Bürgerlichen Gesetzbuchs, nach dem «der Eigentümer mit den ihm gehörenden Sachen grundsätzlich nach Belieben verfahren kann».

Sollte man nach einer übermütigen Vernichtungsaktion allerdings Reue empfinden, kann das Probleme geben: Zwar leistet die Bundesbank im Prinzip Ersatz, wenn mehr als die Hälfte eines Scheins übrig ist. Sie sagt aber auch: «Absichtlich beschädigte Euro-Banknoten werden nicht ersetzt.»

Christoph Kolumbus glaubte bis an sein Lebensende, Indien und nicht Amerika entdeckt zu haben

Stimmt. Kolumbus war besessen von der Idee, den westlichen Seeweg nach Indien zu finden. Sein Verdienst wird oft fälschlich darin gesehen, dass er als Erster die Kugelgestalt der Erde entdeckte und deshalb auf die Idee kam, sozusagen «hintenrum» die asiatischen Länder zu erreichen. Der Landweg galt als von den Muslimen versperrt. Aber das stimmt nicht. Das Wissen, dass die Erde rund ist, war damals Allgemeingut (siehe Seite 23), und insbesondere die Portugiesen kannten den Umfang der Erde recht genau. Läge zwischen Europa und Asien tatsächlich nur Wasser und nicht Amerika, so betrüge die Distanz 20 000 Kilometer, ein unmögliches Unterfangen für damalige Schiffe. Kolumbus dagegen verschätzte sich gewaltig und glaubte, nur 4000 Kilometer zurücklegen zu müssen. Seine fulminante Entdeckung von 1492, als er auf der Bahamas-Insel San Salvador landete, beruhte also auf einem großen Irrtum.

Ein Irrtum, von dem Kolumbus auch in seinen verbleibenden 14 Lebensjahren nicht abrückte, obwohl die Indizien dagegen immer zwingender wurden. Er unternahm drei weitere Reisen gen Westen und erkundete dabei die Küste Mittel- und Südamerikas: keine Spur von Japan oder Indien. Andere Seefahrer erforschten zu Kolumbus' Lebzeiten Nordamerika, Vasco da Gama umsegelte das Kap der Guten Hoffnung und fand den östlichen Seeweg nach Indien. Für Kolumbus aber durfte nicht sein, was nicht sein konnte. Seine endgültige Widerlegung durch die Weltumseglung Magellans im Jahr 1522 erlebte er nicht mehr.

Häufiges «Knackenlassen» der Fingergelenke kann zu Gicht oder Rheuma führen

Stimmt nicht. Beim Gelenkeknacken muss man zwei Fälle unterscheiden: Im ersten Fall geben die Gelenke «von selbst» Geräusche von sich, etwa beim Treppensteigen. Dieses Phänomen nimmt mit dem Alter zu und ist völlig unbedenklich, solange es nicht mit Schmerzen verbunden ist.

Hier geht es aber nicht um die Begleitgeräusche «alter Knacker», sondern um das absichtliche Knackenlassen vor allem der Fingergelenke. Es gibt ja Leute, die damit ständig bei ihren Mitmenschen für Gänsehaut sorgen. Das Geräusch erzeugt man entweder durch Überdehnen – etwa wenn sich der Schreiber an die Tastatur setzt und erst einmal die Finger kräftig durchdrückt – oder indem man an den Fingern zieht. Das Knacken kommt zustande, weil sich in der Gelenkschmiere durch die Überdehnung Luftbläschen bilden, deren Platzen man hören kann – das jedenfalls ist die landläufige Erklärung. Gesund ist das auf keinen Fall.

Aber kann es schaden? Gicht und Rheuma muss niemand befürchten, der gern mit den Fingern knackt. Aber so ganz unbedenklich ist die Angewohnheit auch nicht. Werner Zirngibl, ein bekannter Münchner Orthopäde, der vor einigen Jahren auch einmal Deutscher Tennismeister war, warnt vor Verschleißerscheinungen der Gelenke. Wenn die Gelenkkapseln und Bänder zu häufig überdehnt werden, dann können sie regelrecht ausleiern und an Stabilität verlieren. Sein Rat: Ab und zu mal knacken lassen ist ungefährlich. Dauerknacker sollten sich das Laster lieber abgewöhnen.

Für ein Lächeln braucht man 17 Muskeln, für ein ernstes Gesicht 43

Stimmt nicht. Tatsächlich werden diese (oder ähnliche) Zahlen viel verbreitet, selbst auf Internet-Seiten, die sich scheinbar wissenschaftlich mit der menschlichen Anatomie befassen. Lebensratgeber ziehen daraus den Schluss, dass man sich die Mühe des Runzelns sparen sollte (andere wiederum betonen, wie gesund doch das Lachen sei, gerade weil so viele Muskeln benutzt würden ...).

Ich habe den weltweit bekanntesten Experten für den Zusammenhang zwischen Mimik und Gefühl gefragt, den Amerikaner Paul Ekman von der University of California in San Francisco. Der gehört zu den Vätern von Facs, einem genormten System zur Bewertung von Gesichtsausdrücken, und 2004 ist sein Buch *Emotions Revealed* erschienen. Laut Ekman hat der Spruch «nichts mit der Realität» zu tun. «Ein ernstes Gesicht wird auf der Stirn mit einem Muskel erzeugt, dem Corrugator. Bei den Lippen mit einem weiteren, dem Triangularis. Ein einfaches Lächeln bekommt man schon mit einem Muskel hin, dem Zygomaticus Major. Ein wirklich freudiges Lächeln erfordert noch zusätzlich den Orbicularis Oculi.»

Alle genannten Muskeln kommen paarweise vor, also braucht man fürs ernste wie fürs erfreute Gesicht jeweils zwei bis vier. Natürlich sind meistens noch mehr der über 50 Gesichtsmuskeln an einer Miene beteiligt – aber die genannten Zahlen sind völlig aus der Luft gegriffen.

HOFFENTLICH BRAUCHT DER FÜR SEIN GÄHNEN TAUSENDMAL MEHR GESICHTSMUSKELN ALS ICH FÜR MEIN BELEIDIGTES GESICHT.
GÄHN

Der größte Teil der Tomatensaftproduktion wird an Bord von Flugzeugen verzehrt

Stimmt nicht. Der überwiegende Teil ist es nicht, aber es ist erstaunlich viel. Genaue Zahlen sind schwer zu bekommen, aber man kann es ungefähr ausrechnen: Die Lufthansa schenkt im Jahr etwa 1,2 Millionen Liter Tomatensaft an ihre Passagiere aus. Ein Teil davon wird im Ausland konsumiert, dafür schenken andere Fluggesellschaften Saft über deutschem Boden aus – nehmen wir also einfach mal diese Zahl. Um den Verbrauch auf dem Boden zu berechnen, greifen wir auf eine Statistik des Verbandes der deutschen Fruchtsaftindustrie zurück: Demnach trinkt jeder Deutsche im Schnitt 0,97 Liter Gemüsesaft pro Jahr. Gehen wir davon aus, dass die Hälfte davon Tomatensaft ist, dann werden insgesamt etwa 40 Millionen Liter T-Saft getrunken. Also beträgt der Anteil in der Luft drei Prozent. Das ist sehr viel, wenn man bedenkt, wie wenig Zeit der Durchschnittsdeutsche im Flugzeug verbringt. Beim Orangensaft beträgt der «Luftanteil», auf dieselbe Weise errechnet, nur etwa 0,4 Prozent!

Warum in der Luft so viel Tomatensaft getrunken wird, darüber können auch die Hersteller nur mutmaßen. Eine mögliche Erklärung: Im Flugzeug haben viele Leute ein flaues Gefühl im Magen, da greift man statt zum kalten, sauren Apfel- oder Orangensaft lieber zu dem bekömmlicheren Getränk. Die Fluggesellschaften berichten aber auch, dass das Verlangen nach dem roten Saft offenbar ansteckend ist – wenn einer mit Tomate anfängt, geht das wie eine Welle durch die ganze Kabine.

G STEHT FÜR GEMÜSESAFT. MEHR ÜBERRASCHT ALS ÜBER DEN ERFOLG UNSERER AIRLINE WAREN WIR DARÜBER, DASS SAUERKRAUT-SAFT BELIEBTER IST ALS TOMATENSAFT.
G-AIRLINES

In Hamburg gibt es mehr Regentage als in München

Stimmt nicht. Tatsächlich geht der Nord-Süd-Vergleich unentschieden aus, jedenfalls sagen das die Zahlen des Deutschen Wetterdienstes: Als Regentage zählen dort Tage, an denen mindestens ein Millimeter Regen fällt. Im langjährigen Mittel haben die beiden Metropolen im Süden und im Norden Deutschlands genau gleich viele Regentage, nämlich 133.

«Jaaa», werden jetzt die Münchner sagen, «aber in Hamburg fällt an diesen Regentagen sicherlich viel mehr Wasser vom Himmel als bei uns.» Falsch! In München regnet es tatsächlich mehr als in Hamburg: 966,7 Liter pro Jahr gegenüber 770,3 Litern.

Aber auch das ist noch nicht die ganze Wahrheit. Der viele Regen in München geht vor allem auf das Konto von heftigen sommerlichen Gewitterschauern. Mit anderen Worten: Es regnet zwar mehr, aber das in kürzerer Zeit. Dass die Regenstatistik nicht das komplette Bild widerspiegelt und das subjektive Urteil, das Münchner Wetter sei besser, treffend ist, zeigt sich bei einem Blick auf die Sonnenscheindauer: Die beträgt nämlich in München jährlich 1709 Stunden, in Hamburg dagegen nur 1557 Stunden.

Das Wort «Känguru» bedeutet in der Sprache der australischen Aborigines «Wie bitte?»

Stimmt nicht. Der berühmte britische Seefahrer James Cook segelte im Juni 1770 im Pazifischen Ozean, als bei der Fahrt durch das Great-Barrier-Riff sein Schiff *Endeavour* leck schlug. Man landete am Strand des heutigen Queensland, und während die Mannschaft das lädierte Schiff reparierte, erspähte Cook ein ihm bis dahin unbekanntes Tier. Er notierte in seinem Tagebuch: «Die Tiere, die ich erwähnt habe, werden von den Eingeborenen *kangooroo* oder *kanguru* genannt.»

Als später die australischen Eingeborenensprachen näher untersucht wurden, fand man alle möglichen Namen für das Beuteltier, der gebräuchlichste war *patagaran*. Keine der Vokabeln aber klang nach «Känguru». Daher stammt wohl die Legende, die sogar noch heute in dem etymologischen Wörterbuch *The Facts on File Encyclopedia of Word and Phrase Origins* zu finden ist: «Cook fragte einen Eingeborenen nach dem Namen eines seltsamen Beuteltiers. Der Eingeborene antwortete ‹Känguru› oder ‹Ich weiß nicht›». So sei die Vokabel fälschlich in die Wörterbücher geraten.

Schön erfunden, diese kleine Geschichte, aber leider ist sie unwahr. Es gibt nämlich tatsächlich einen australischen Dialekt namens Guuge Yimidhirr, und schon 1898 hat ein Ethnologe bemerkt, dass darin das Wort *gang-oo-roo* existiert. Im Jahr 1972 wurde die Vokabel von dem Anthropologen John Haviland «wiederentdeckt» und ist inzwischen auch im *Australian National Dictionary* verzeichnet. Es kann also keinen Zweifel geben: James Cook hat die Eingeborenen richtig verstanden, sie haben ihm den Namen des Tiers genannt.

Auf nassem Rasen wird der Fußball schneller

Stimmt nicht. Auch wenn bei Fußballspielen, die im Regen stattfinden, so mancher Kommentator gern diese Legende verbreitet.

Beantworten wir erst einmal die Frage: Kann ein Fußball überhaupt beim Aufprallen schneller werden? Damit das passiert, muss die Bewegungsenergie größer werden. Da dem Ball von außen keine Energie zugeführt wird, kann dieses Energieplus nur aus dem Ball selbst kommen – nämlich dann, wenn Rotations- in Bewegungsenergie umgesetzt wird. Das ist theoretisch beim so genannten Topspin möglich, wenn der Ball einen extremen Vorwärtsdrall hat. Im Gegensatz zum Tischtennis ist dieses Kunststück aber beim Fußball sehr schwierig, und es funktioniert auf trockenem Boden besser als auf nassem.

Der Glaube an die beschleunigende Wirkung des nassen Rasens kommt wohl eher daher, dass der Ball auf feuchtem Untergrund nicht so stark abgebremst wird wie auf trockenem. Wenn er bei seinem parabelförmigen Flug auf den Rasen springt – ein Vorgang, der etwa acht Millisekunden dauert –, dann rutscht er zunächst ein Stückchen, wobei er durch die Reibung mit dem Boden stark abgebremst wird. Dann folgt eine kurze Rollphase, bevor er sich wieder in die Luft erhebt. Weil auf nassem Rasen die Reibung erheblich geringer ist als auf trockenem, geht während der Rutschphase weniger Energie verloren, eventuell kommt er gar nicht erst ins Rollen. Man kann also zusammenfassen: Der Ball wird nicht schneller, sondern allenfalls weniger langsam.

Register